高等职业教育"十四五"系列教材

机电类专业

西门子S7-200PLC项目式教程

（第二版）

主　审　　李德尧
主　编　　张志田　崔　璨
　　　　　陈　巍
副主编　　黄冬来　陈　璇
　　　　　王燕鹏　李伟文

扫码加入学习圈
轻松解决重难点

南京大学出版社

图书在版编目（CIP）数据

西门子 S7-200 PLC 项目式教程 / 张志田，崔璨，陈
巍主编. — 2 版. — 南京：南京大学出版社，2023.7
ISBN 978-7-305-26011-7

Ⅰ．①西… Ⅱ．①张… ②崔… ③陈… Ⅲ．①PLC 技
术—高等职业教育—教材 Ⅳ．①TM571.61

中国版本图书馆 CIP 数据核字（2022）第 135815 号

出版发行　南京大学出版社
社　　址　南京市汉口路 22 号　　邮　编　210093
网　　址　http://www.NjupCo.com
出版 人　金鑫荣
书　　名　西门子 S7-200 PLC 项目式教程
主　　编　张志田　崔　璨　陈　巍
责任编辑　吴　华　　　　编辑热线　025-83596997
照　　排　南京南琳图文制作有限公司
印　　刷　南京百花彩色印刷广告制作有限责任公司
开　　本　787×1092　1/16　印张 15.75　字数 393 千
版　　次　2023 年 7 月第 2 版　2023 年 7 月第 1 次印刷
ISBN 978-7-305-26011-7
定　　价　39.80 元

网址：http://www.njupco.com
官方微博：http://weibo.com/njupco
微信服务号：njuyuexue
销售咨询热线：(025) 83595840

扫码教师可免费
获取教学资源

前　言

　　高等职业教育作为高等教育的一个重要组成部分,是以培养具有一定理论知识和较强实践能力,面向生产、服务和管理第一线的职业岗位,以实用型、技能型专门人才为目的的职业教育。它的课程特色是在必需、够用的理论知识基础上进行系统的学习和专业技能的训练。

　　本教程是黄炎培职业教育德育观下以工匠精神为核心的高职专业课程思政模式构建与实践(ZJS2022Zd26)的成果;本教材根据高职教育特点,按照基于工作过程的教育理论,以教、学、做一体化现场教学模式,使学生在做中学,学中做,做学结合,在学生完成任务的过程中,掌握 PLC 的基础知识、基本技能,培养学生的职业素质能力。

　　本教程按照湖南省高职技能抽查标准机电一体化专业(PLC)考核目标来编写,参照湖南省高职机电一体化专业 PLC 课程抽查内容,全书分为六个模块,分别是西门子 S7 - 200 基础技能模块;典型电气控制线路 PLC 控制系统设计、安装与调试模块;灯光系统 PLC 控制的设计、安装与调试模块;机电设备 PLC 控制系统设计、安装与调试模块;PLC 和变频器系统的设计、安装与调试模块;S7 - 200SMART 系列 PLC 控制系统设计、安装与调试模块。每个模块分成几个工作任务进行教学,任务前都提出了完成本工作后应该达到的知识目标和技能目标。

　　在工作任务后又设置了技能训练任务,这个任务的实施由学生独立完成,将技能训练效果进行记录并量化考核。按照技能抽查标准进行评分,通过训练能够及时掌握学生哪些方面的知识有欠缺。模块后均附有思考与练习题项目。

　　本教程既可作为高等职业技术院校、大中专及职工大学机电类等相关专业的教材,也可作为相关技术人员的参考教材。

　　由湖南工业职业技术学院张志田、益阳职业技术学院崔璨、长沙职业技术学院陈巍担任主编,由湘潭医卫职业技术学院黄冬来、湖南水利水电职业技术学院陈璇、湖南工业职业技术学院王燕鹏、湖南工业职业技术学院李伟文担任副主编。张志田负责本教程的编写思路与大纲的总体规划,并对教材进行整理、修改和定稿。全书由李德尧审阅,他对本书提出了许多宝贵意见。此外在编写教程的过程中,还参考了大量的同类教材,部分资料和图片来自互联网,在这里一并向作者表示感谢!

　　由于编者水平有限,经验不足,书中难免存在错误或不足之处,敬请广大读者给予批评指正。

编　者

2023 年 6 月

目 录

模块一　西门子 S7 - 200 基础技能 ……………………………………………………… 1

　　工作任务　利用开关 K_1、K_2，控制灯 L_1、L_2、L_3 的工作 …………………… 1

　　思考与练习 ……………………………………………………………………… 24

模块二　典型电气控制线路 PLC 控制系统设计、安装与调试 ……………………… 26

　　工作任务 1　PLC 对电动机自动往返循环控制线路进行改造 ………………… 26

　　工作任务 2　PLC 对两地控制的电动机 Y - △ 降压起动控制线路的改造 ……… 48

　　工作任务 3　PLC 控制四节传送带装置 ……………………………………… 61

　　工作任务 4　PLC 控制的运料小车 …………………………………………… 67

　　工作任务 5　PLC 对电动机定子绕组串电阻降压起动控制线路的改造 ……… 71

　　思考与练习 ……………………………………………………………………… 73

模块三　PLC 对灯光系统控制的设计、安装与调试 ………………………………… 74

　　工作任务 1　PLC 控制音乐喷泉 ……………………………………………… 74

　　工作任务 2　十字路口交通灯的 PLC 控制 …………………………………… 92

　　工作任务 3　LED 数码管 ……………………………………………………… 113

　　思考与练习 ……………………………………………………………………… 117

模块四　PLC 对机电设备控制系统设计、安装与调试 ……………………………… 118

　　工作任务 1　机械手的 PLC 控制 ……………………………………………… 118

　　工作任务 2　PLC 对 C620 车床电气控制线路的改造 ………………………… 146

　　工作任务 3　PLC 对 C6140 车床电气控制线路的改造 ………………………… 156

　　工作任务 4　PLC 对某液压系统中单缸连续自动往返复回路电气控制的改造 ……… 164

　　工作任务 5　PLC 对某液压系统中速度阀短接的速度换接回路电气控制的改造 ……… 171

　　工作任务 6　PLC 对某设备中二次压力控制回路电气控制的改造 …………… 173

　　工作任务 7　PLC 对某系统气缸缓冲回路电气控制线路的改造 ……………… 175

　　工作任务 8　PLC 控制的某专用加工装置 …………………………………… 177

　　工作任务 9　PLC 控制三种液体自动混合装置 ······································ 179

　　工作任务 10　PLC 控制装配流水线系统 ·· 182

　　工作任务 11　PLC 对水塔水位的控制 ··· 186

　　思考与练习 ·· 188

模块五　PLC 和变频器系统的设计、安装与调试 ·································· 190

　　工作任务 1　变频器参数功能设置 ·· 190

　　工作任务 2　变频器外部端子点动控制、安装与调试 ······················· 195

　　工作任务 3　变频器控制电动机正反转 ··· 197

　　工作任务 4　多段速度选择变频器调速 ··· 198

　　工作任务 5　变频器无极调速 ·· 201

　　工作任务 6　外部模拟量（电压/电流）方式的变频调速控制 ·············· 202

　　工作任务 7　PID 变频调速控制 ··· 204

　　工作任务 8　基于 PLC 数字量方式多段速控制 ································· 205

　　工作任务 9　基于 PLC 模拟量方式变频器开环调速控制 ·················· 208

模块六　S7－200SMART 系列 PLC 控制系统设计、安装与调试 ········ 211

　　工作任务 1　旋转机构自动往返控制系统设计与装调 ······················· 211

　　工作任务 2　气动机械手的远程控制系统设计与装调 ······················· 228

参考文献 ·· 243

模块一 西门子 S7 – 200 基础技能

工作任务 利用开关 K_1、K_2，控制灯 L_1、L_2、L_3 的工作

能力目标

1. 了解 PLC 硬件结构及系统组成；
2. 掌握 PLC 外围线路的接法以及上位机与 PLC 通信参数的设置；
3. 掌握 STEP 7 Micro/WIN 软件的使用。

知识目标

1. 了解 PLC 硬件结构及系统组成；
2. 掌握 PLC 外围线路的接法；
3. 掌握上位机与 PLC 通信参数设置。

一、工作任务

具体要求有：
(1) 同时合上开关 K_1、K_2，灯 L_1 亮；
(2) 合上开关 K_1 或 K_2，灯 L_2 亮；
(3) 开关 K_1、K_2 常闭状态时，灯 L_3 亮，开关 K_1 或 K_2 任意一个动作，灯 L_3 灭。

二、考核内容

(1) 根据控制要求，分析控制功能；
(2) 按控制要求完成 I/O 端口地址分配表的编写；
(3) 完成 PLC 控制系统硬件接线图的绘制；
(4) 完成 PLC 的 I/O 端口的连线；
(5) 按控制要求绘制梯形图、输入并调试控制程序；
(6) 考核过程中，注意"6S 管理"要求。

三、评分表(表1-1)

表1-1　评分标准

评价内容	序号	主要内容	考核要求	评分细则	配分	扣分	得分
职业素养与操作规范(50分)	1	工作前准备	清点工具、仪表等	未清点工具、仪表等每项扣1分。	5		
	2	安装与接线	按 PLC 控制 I/O 接线图在模拟配线板正确安装,操作规范	① 未关闭电源开关,用手触摸电器线路或带电进行线路连接或改接,本项记0分。 ② 线路布置不整齐、不合理,每处扣2分。 ③ 损坏元件扣5分。 ④ 接线不规范造成导线损坏,每根扣5分。 ⑤ 不按 I/O 接线图接线,每处扣2分。	15		
	3	程序输入与调试	熟练操作编程软件,将所编写的程序输入PLC;按照被控设备的动作要求进行模拟调试,达到控制要求	① 不会熟练操作软件输入程序,扣10分。 ② 不会进行程序删除、插入、修改等操作,每项扣2分。 ③ 不会联机下载调试程序,扣10分。 ④ 调试时造成元件损坏或者熔断器熔断,每次扣10分。	20		
	4	清洁	工具摆放整洁;工作台面清洁	乱摆放工具、仪表,乱丢杂物,完成任务后不清理工位,扣5分。	5		
	5	安全生产	安全着装;按维修电工操作规程进行操作	① 没有安全着装,扣5分。 ② 出现人员受伤,设备损坏事故,考试成绩为0分。	5		
作品(50分)	6	功能分析	能正确分析控制线路功能	能正确分析控制线路功能,功能分析不正确,每处扣2分。	10		
	7	I/O 分配表	正确完成 I/O 地址分配表	输入、输出地址遗漏,每处扣2分。	5		
	8	硬件接线图	绘制 I/O 接线图	① 接线图绘制错误,每处扣2分。 ② 接线图绘制不规范,每处扣1分。	5		
	9	梯形图	梯形图正确、规范	① 梯形图功能不正确,每处扣3分。 ② 梯形图画法不规范,每处扣1分。	15		
	10	功能实现	根据控制要求,准确完成系统的安装调试	不能达到控制要求,每处扣5分。	15		
评分人:				核分人:	总分		

四、任务实施

1. I/O 端口分配功能表(表1-2)

表1-2 I/O 端口分配功能表

序号	PLC 地址(PLC 端子)	电气符号(面板端子)	功能说明
1	I0.0	K_0	常开触点
2	I0.1	K_1	常开触点
3	Q0.0	L_0	"与"逻辑输出指示
4	Q0.1	L_1	"或"逻辑输出指示
5	Q0.2	L_2	"非"逻辑输出指示
6	主机 1M、面板 V+接电源+24 V		电源正端
7	主机 1L、2L、3L、面板 COM 接电源 GND		电源地端

2. 硬件接线图(图1-1)

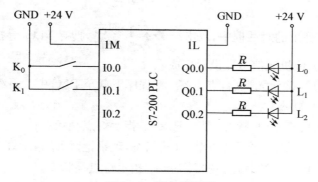

图1-1 硬件接线图

3. 控制程序(图1-2)

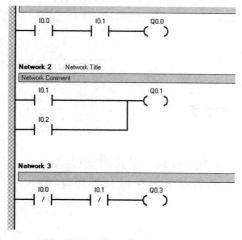

图1-2 控制程序

4. 操作步骤

(1) 按"接线图"连接 PLC 外围电路；打开软件，点击 ![设置 PG/PC 接口]，在弹出的对话框中选择"PC/PPI 通信方式"，点击 ![属性(R)…]，设置 PC/PPI 属性。如图 1－3 所示。

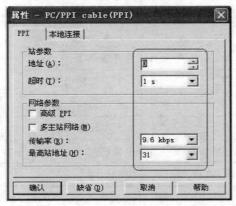
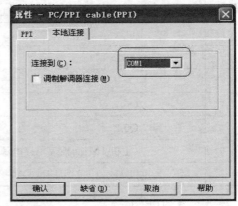

图 1－3　设置界面

(2) 点击 ![通信]，在弹出的对话框中，双击 ![双击刷新]，搜寻 PLC，寻找到 PLC 后，选择该 PLC。至此，PLC 与上位机通信参数设置完成。

(3) 编译实训程序，确认无误后，点击 ![下载]，将程序下载至 PLC 中。下载完毕后，将 PLC 模式选择开关拨至 RUN 状态。

(4) 将 K_0、K_1 均拨至 OFF 状态，观察记录 L_0 指示灯点亮状态；

(5) 将 K_0 拨至 ON 状态，将 K_1 拨至 OFF 状态，观察记录 L_1 指示灯点亮状态；

(6) 将 K_0、K_1 均拨至 ON 状态，观察记录 L_2 指示灯点亮状态。

技能训练(考核要求同上)

利用开关 K_1、K_2，控制灯 L_1、L_2 的工作。具体要求有：

(1) 合上 K_1，灯 L_1、L_2 亮；

(2) 断开 K_2 灯 L_1、L_2 灭。

知识链接

一、PLC 的结构与工作原理

(一) PLC 的结构

PLC 的类型繁多，功能和指令系统也不尽相同，但其结构与工作原理大同小异，通常是由主机、输入/输出接口、电源、编程器扩展器接口和外部设备接口等几个主要部分组成。PLC 内部结构如图 1－4 所示。

1. 主机

主机部分包括中央处理器(CPU)、系统程序存储器和用户程序及数据存储器。CPU 是

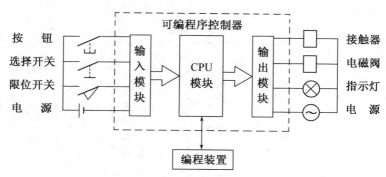

图1-4 PLC的内部结构

PLC的核心,用以运行用户程序、监控输入/输出接口状态、作出逻辑判断和数据处理,即读取输入变量、完成用户指令规定的各种操作,将结果送到输出端,并响应外部设备(如编程器、电脑、打印机等)的请求以及进行各种内部判断等。PLC的内部存储器有两类:一类是系统程序存储器,主要存储系统管理和监控程序以及对用户程序作编译处理的程序,系统程序已由厂家固定,用户不能更改;另一类是用户程序及数据存储器,主要存储用户编制的应用程序及各种暂存数据和中间结果。

2. 输入/输出(I/O)接口

I/O接口是PLC与输入/输出设备连接的部件。输入接口接收输入设备(如按钮、传感器、触点、行程开关等)的控制信号,而输出接口是将主机经处理后的结果通过功放电路来驱动输出设备(如接触器、电磁阀、指示灯等)。I/O接口一般采用光电耦合电路,以减少电磁干扰,从而提高可靠性。I/O点数即输入/输出端子数是PLC的一项主要技术指标,通常小型机有几十个点,中型机有几百个点,大型机则超过千个点。

3. 电源

图1-4中的电源是指为CPU、存储器、I/O接口等内部电路工作所配置的直流开关稳压电源,同时也为输入设备提供直流电源。

4. 编程器

编程器是PLC的一种主要的外部设备,用于手持编程,用户可用以输入、检查、修改、调试程序或监示PLC的工作情况。除手持编程器外,还可通过适配器和专用电缆线将PLC与计算机连接,并利用专用的工具软件进行编程和监控。

5. 输入/输出(I/O)扩展接口

I/O扩展接口用于连接扩展外部输入/输出端子数的扩展单元和基本单元(即主机)。

6. 外部设备接口

外部设备接口可将编程器、打印机、条码扫描仪等外部设备与主机相连,以完成相应的操作。

(二)PLC的工作原理

PLC是采用"顺序扫描,不断循环"(循环扫描)的方式进行工作的,即在PLC运行时,CPU根据用户按控制要求编写好并存于用户存储器中的程序,按指令步序号(或地址号)作周期性循环扫描,如无跳转指令,则从第一条指令开始逐条顺序执行用户程序,直至程序结束,然后重新返回第一条指令,开始下一轮新的扫描。在每次扫描过程中,还要完成对输入信号的采样和对输出状态的刷新等工作。PLC 扫描过程如图 1-5 所示。

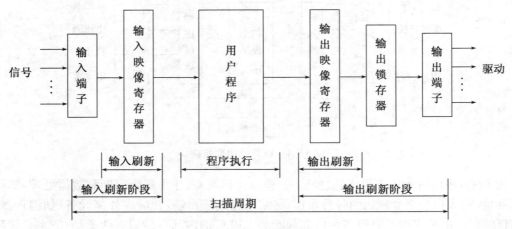

图 1-5　PLC 扫描过程

　　PLC 的扫描一个周期必经输入采样、程序执行和输出刷新等 3 个阶段。

　　(1) 输入采样阶段。PLC 首先以扫描方式按顺序将所有暂存在输入锁存器中的输入端子的通断状态或输入数据读入，并将其写入各自对应的输入状态寄存器中，即刷新输入，随即关闭输入端口，进入程序执行阶段。

　　(2) 程序执行阶段。PLC 按用户程序指令存放的先后顺序扫描执行每条指令，执行的结果再写入输出状态寄存器中，输出状态寄存器中所有的内容随着程序的执行而改变。

　　(3) 输出刷新阶段。当所有指令执行完毕，输出状态寄存器的通断状态，在输出刷新阶段送至输出锁存器中，并通过一定的方式(继电器、晶体管或晶闸管)输出，以驱动相应输出设备工作。

　　图 1-6 为 PLC 工作过程流程图。

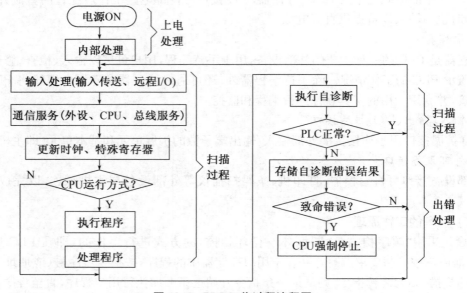

图 1-6　PLC 工作过程流程图

二、S7－200 系列 PLC 的外部结构

（一）PLC 各部件的功能

S7－200 系列 PLC 有 CPU 21X 和 CPU 22X 两代产品，外部结构如图 1－7 所示。S7－200 是整体式 PLC，是将输入/输出模块、CPU 模块、电源模块均装在一个机壳内，当系统需要扩展时，可选用需要的扩展模块与基本单元（主机）连接。

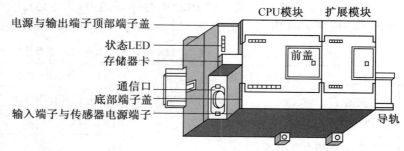

图 1－7　S7－200 系列 PLC 外部结构

（二）输入/输出接线

输入/输出模块电路是 PLC 与被控设备间传递输入/输出信号的接口部件。各输入/输出点的通/断状态用 LED 显示，外部接线就接在 PLC 输入/输出接线端子上。

S7－200 系列 CPU 22X 主机的输入回路为直流双向光耦合输入电路，输出有继电器和场效应晶体管两种类型，用户可根据需要自行选用。现以 S7－200 系列 CPU 224 为例进行介绍。

1. 输入接线

S7－200 系列 CPU 224 的主机共有 14 个输入点（I0.0～I0.7，I1.0～I1.5）和 10 个输出点（Q0.0～Q0.7，Q1.0～Q1.1）。

2. 输出接线

S7－200 系列 CPU 224 的输出电路有场效应晶体管输出电路和继电器输出电路两种供用户选择。在场效应晶体管输出电路中，PLC 由 24 V 直流电源供电，负载采用 MOSFET 功率器件，所以只能用直流电源为负载供电。

输出端分成 2 组，每一组有 1 个公共端，共有 1L、2L 两个公共端，可接入不同电压等级的负载电源。输入/输出接线图如图 1－8 所示。

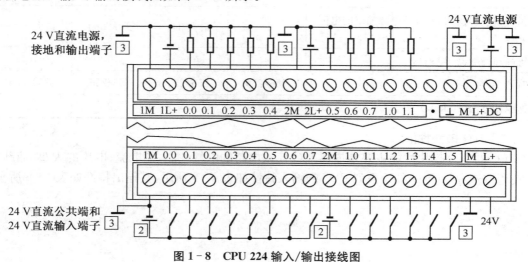

图 1－8　CPU 224 输入/输出接线图

三、S7－200 系列 PLC 的性能

（一）CPU 模块性能

PLC 的 CPU 性能主要描述 PLC 的存储器能力、指令运行时间、各种特殊功能等。这些技术性指标是选用 PLC 的依据，S7－200 系列 PLC 的 CPU 的主要技术指标如表1－3所示。

表1－3　CPU 22X 系列 S7－200 PLC 主要技术指标

主要指标项目	CPU 221	CPU 222	CPU 224	CPU 226
用户数据存储器类型	EEPROM	EEPROM	EEPROM	EEPROM
程序空间（永久保存）/字	2 048	2 048	4 096	4 096
数据后备（超级电容）典型值/H	50	50	190	190
用户存储器类型	1 024	1 024	2 560	2 560
主机 I/O 点数	4/6	8/6	14/10	24/16
可扩展模块/个	0	2	7	7
24 V 传感器电源最大电流/电流限制/mA	180/600	180/600	280/600	～400/1 500
数字量 I/O 映像区大小	256	256	256	256
模拟量 I/O 映像区大小	0	16/16	32/32	32/32
布尔指令执行时间/μs	0.37	0.37	0.37	0.37
模拟量调节电位器	1	1	1	2
实时时钟	有（时钟卡）	有（时钟卡）	有（内置）	有（内置）
RS－485 通信口	1	1	1	2
AC 240 V 电源 CPU 输入电流/最大负载电流/mA	25/180	25/180	35/220	40/160
DC 24 V 电源 CPU 输入电流/最大负载电流/mA	70/600	70/600	120/900	150/1 050
为扩展模块提供的 DC 5 V 电源输出的电流/mA	—	最大 340	最大 660	最大 1 000
内置高速计数器（30 kHz）	4	4	6	6
定时器/计数器	256/256	256/256	256/256	256/256
高速脉冲输出（20 kHz）	2	2	2	2

（二）I/O 模块性能

PLC 的 I/O 模块性能主要是描述 I/O 模块电路的电气性能，如电流、电压的大小，通断时间，隔离方式等。CPU 22X 系列 PLC 的输入特性如表1－4所示，其输出特性如表1－5所示。

表 1 - 4　CPU 22X 系列 PLC 的输入特性

项　目	CPU 221	CPU 222	CPU 224	CPU 226
输入类型	汇型/源型	汇型/源型	源型/汇型	源型/源型
输入点数/个	8	8	14	24
输入电压 DC/V	24	24	24	24
输入电流/mA	4	4	4	4
逻辑 1 信号/V	15～35	15～35	15～35	15～35
逻辑 0 信号/V	0～5	0～5	0～5	0～5
输入延迟时间/ms	0.2～12.8	0.2～12.8	0.2～12.8	0.2～12.8
高速输入频率/kHz	30	30	30	20～30
隔离方式	光电	光电	光电	光电
隔离组数	2/4	4	6/8	11/13

表 1 - 5　CPU 22X 系列 PLC 的输出特性

项　目		CPU 221		CPU 222		CPU 224		CPU 226	
输出类型		晶体管	继电器	晶体管	继电器	晶体管	继电器	晶体管	继电器
输出点数/个		4	4	6	6	10	10	16	16
负载电压/V		DC20.4～28.8	DC5～30/AC5～250	DC20.4～28.8	DC5～30/AC5～250	DC20.4～28.8	DC5～30/AC5～250	DC20.4～28.8	DC5～30/AC5～250
输出电流/A	1信号	0.75	2	0.75	2	0.75	2	0.75	2
	0信号	10^{-2}		10^{-2}		10^{-2}		10^{-2}	
公共端输出电流总和/A		3.02	6.0	4.5	6.0	3.75	8.0	6	10
接通延时/μs	标准	15	10^4	15	10^4	15	10^4	15	10^4
	脉冲	2	—	2	—	2	—	2	—
关断延时/μs	标准	100	10^4	100	10^4	100	10^4	100	10^4
	脉冲	10	—	10	—	10	—	10	—
隔离方式		光电	电磁	光电	电磁	光电	电磁	光电	电磁
隔离组数		4	1/3	6	3	5	3/4	8	4/5/7

（三）PLC 的编程语言与程序结构

1. 顺序功能图

PLC 编程语言的顺序功能图是一种位于其他编程语言之上的图形语言，用于编制顺序控制程序。顺序功能图提供了一种组织程序的图形方法，步、转换和动作是顺序功能图中的 3 种主要组件。

2. 梯形图

梯形图是使用最多的 PLC 图形编程语言。梯形图与继电器—接触器控制系统的电路图相似,具有直观易懂的优点。

梯形图由触点、线圈和用方框表示的功能块组成。触点代表逻辑输入条件,如外部的开关、按钮以及内部条件等。线圈通常代表逻辑输出结果,用来控制外部的指示灯、接触器以及内部的输出条件等。

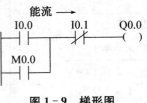

图 1－9　梯形图

当图 1－9 中的 I0.0 或 M0.0 的触点接通时,可假想有一个"能流"流过 Q0.0 线圈。利用能流这一概念,可以更好理解和分析梯形图,而能流只能是从左向右流动。

3. 功能块图

功能块图是一种类似于数字逻辑电路的编程语言,该编程语言采用类似与门、或门的方框来表示逻辑运算关系,如图 1－10 所示,方框的左侧为逻辑运算的输入变量,右侧为输出变量,输入、输出端的小圆圈表示"非"运算,方框用导线连接,能流就从左向右流动。图 1－10 中的控制逻辑与图 1－9 中的控制逻辑完全相同。

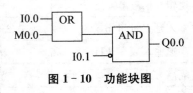

图 1－10　功能块图

4. 指令表

S7－200 系列 PLC 的指令表又称为语句表。语句表是一种与计算机的汇编语言中的指令相似的助记符表达式,它是由指令组成语句表程序。

5. 结构文本

结构文本是一种专用的高级编程语言。与梯形图相比,它能实现复杂的数学运算,编写的程序非常简洁和紧凑。

6. 编程语言的相互转换和选用

在 S7－200 PLC 编程软件中,用户常选用梯形图和语句表编程,编程软件可以自动切换用户程序使用的编程语言。

(四) S7－200 的程序结构

S7－200 系列 PLC 的 CPU 的控制程序是由主程序、子程序和中断程序 3 部分组成。

1. 主程序

主程序是程序的主体,每一个项目都必须并且只能有一个主程序。在主程序中可以调用子程序和中断程序。

主程序通过指令控制整个应用程序的执行,每个扫描周期都要执行一次主程序。因为各个程序都存放在独立的程序块中,各程序结束时不需要加入无条件结束指令或无条件返回指令。

2. 子程序

子程序仅在被其他程序调用时执行。同一个子程序可以在不同的地方被多次调用。使用子程序可以简化程序代码和减少扫描时间。

3. 中断程序

中断程序用来及时处理与用户程序的执行时序无关的操作,或者处理那些不能事先预测何时发生的中断事件。中断程序不是由用户程序调用,而是在中断事件发生时由操作系统调用。中断程序是用户编写的。

四、S7‑200 系列 PLC 的内存结构及寻址方式

(一) 内存结构

S7‑200 系列 PLC 的数据存储区按存储器存储数据的长短划分为字节存储器、字存储器和双字存储器 3 类。

字节存储器有 7 个,如输入映像寄存器(I)、输出映像寄存器(Q)、变量存储器(V)、位存储器(M)、特殊存储器(SM)、顺序控制继电器(S)、局部变量存储器(L);字存储器有 4 个,如定时器(T)、计数器(C)、模拟量输入映像寄存器(AI)和模拟量输出映像寄存器(AQ);双字存储器有 2 个,如累加器(AC)和高速计数器(HC)。

1. 输入映像寄存器

输入映像寄存器是 PLC 用来接收用户设备发送的输入信号。输入映像寄存器与 PLC 的输入点相连,如图 1‑11(a)所示。编程时应注意,输入映像寄存器的线圈必须由外部信号驱动,不能在程序内部用指令驱动。因此,在程序中输入映像寄存器只有触点,而没有线圈。

输入映像寄存器地址的编号范围为 I0.0～I15.7;I、Q、V、M、SM、L 均可以按字节、字、双字存取。

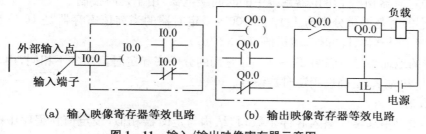

(a) 输入映像寄存器等效电路　　(b) 输出映像寄存器等效电路

图 1‑11　输入/输出映像寄存器示意图

2. 输出映像寄存器

输出映像寄存器用于存放 CPU 执行程序的数据结果,并在输出扫描阶段将输出映像寄存器的数据结果传送给输出模块,再由输出模块驱动外部负载,如图 1‑11(b)所示。若梯形图中 Q0.0 的线圈通电,对应的硬件继电器的常开触点闭合,使接在标号 Q0.0 端子的外部负载通电,反之则外部负载断电。

在梯形图中每一个输出映像寄存器常开和常闭触点可以多次使用。

3. 变量存储器

变量存储器用来在程序执行过程中存放中间结果,或者用来保存与工序或任务有关的其他数据。

4. 位存储器

位存储器(M0.0～M31.7)类似于继电器—接触器控制系统中的中间继电器,用来存放中间操作状态或其他控制信息。虽然名为位存储器,但是也可以按字节、字、双字来存取。

S7‑200 系列 PLC 的 M 存储区只有 32 个字节(即 MB0～MB29),如果不够用,还可以用 V 存储区来代替 M 存储区。可以按位、字节、字、双字来存取 V 存储区的数据,如 V10.1、VB0、VW100、VD200 等。

5. 特殊存储器

特殊存储器用于 CPU 与用户之间交换信息。例如,SM0.0 一直为 1 状态,SM0.1 仅在执行用户程序的第一个扫描周期为 1 状态。SM0.4 和 SM0.5 分别提供周期为 1 min 和 1 s 的时钟脉冲。SM1.0、SM1.1 和 SM1.2 分别为零标志位、溢出标志和负数标志,各个特殊存储器的功能见附表 1。

6. 顺序控制继电器

顺序控制继电器又称状态组件,与顺序控制继电器指令配合使用,用于组织设备的顺序操作,以实现顺序控制和步进控制。可以按位、字节、字或双字来取 S 位,编址范围 S0.0～S31.7。

7. 局部变量存储器

S7 - 200 PLC 有 64 个字节的局部变量存储器,其编址范围为 LB0.0～LB63.7,其中 60 个字节可以用作暂时存储器或者给子程序传递参数。

局部变量存储器和变量存储器很相似,主要区别是局部变量存储器是局部有效的,变量存储器则是全局有效。全局有效是指同一个存储器可以被任何程序(如主程序、中断程序或子程序)存取,而局部有效是指存储区和特定的程序相关联。

8. 定时器

PLC 中定时器相当于继电器系统中的时间继电器,用于延时控制。S7 - 200 PLC 有 3 种定时器,它们的时基增量分别为 1、10 和 100 ms,定时器的当前值寄存器是 16 位有符号的整数,用于存储定时器累计的时基增量值(1～32 767)。

定时器的地址编号范围为 T0～T255,它们的分辨率和定时范围各不相同,用户应根据所用 CPU 型号和时基,正确选用定时器编号。

9. 计数器

计数器主要用来累计输入脉冲个数,其结构与定时器相似,设定值在程序中赋予。CPU 提供了 3 种类型的计数器,分别为加计数器、减计数器和加/减计数器。计数器的当前值为 16 位有符号整数,用来存放累计的脉冲数(1～32 767)。计数器的地址编号范围为 C0～C255。

10. 累加器

累加器是用来暂存数据的寄存器,可以同子程序之间传递参数,以及存储计算结果的中间值。S7 - 200 CPU 中提供了 4 个 32 位累加器 AC0～AC3。累加器支持以字节、字和双字的存取。按字节或字为单位存取时,累加器只使用低 8 位或低 16 位,数据存储长度则由所用指令决定。

11. 高速计数器

CPU 224 PLC 提供了 6 个高速计数器(每个计数器最高频率为 30 kHz)用来累计比 CPU 扫描速率更快的事件。高速计数器的当前值为双字长的符号整数,且为只读值。高速计数器的地址由符号 HC 和编号组成,如 HC0,HC1,……,HC5。

12. 模拟量输入映像寄存器

模拟量输入映像寄存器用于接收模拟量输入模块转换后的 16 位数字量,其地址编号为 AIW0,AIW2,……模拟量输入映像寄存器 AI 为只读数据。

13. 模拟量输出映像寄存器

模拟量输出映像寄存器用于暂存模拟量输出模块的输入值,该值经过模拟量输出模块(D/A)转换为现场所需要的标准电压或电流信号,其地址编号以偶数表示,如 AQW0、

AQW2,……模拟量输出值是只写数据,用户不能读取模拟量输出值。

(二)寻址方式

1. 编址方式

在计算机中使用的数据均为二进制数,二进制数的基本单位是 1 个二进制位,8 个二进制位组成 1 个字节,2 个字节组成 1 个字,2 个字组成 1 个双字。

存储器的单位可以是位、字节、字、双字,编址方式也可以是位、字节、字、双字。存储单元的地址由区域标识符、字节地址和位地址组成。

位编址:寄存器标识符+字节地址+位地址,如 I0.1、M0.0、Q0.3 等。

字节编址:寄存器标识符+字节长度(B)+字节号,如 IB0、VB10、QB0 等。

字编址:寄存器标识符+字长度(W)+起始字节号,如 VW0 表示由 VB0、VB1 这 2 个字节组成的字。

双字编址:寄存器标识符+双字长度(D)+起始字节号,如 VD20 表示由 VW20、VW21 这 2 个字组成的双字或由 VB20、VB21、VB22、VB23 这 4 个字节组成的双字。

位、字节、字、双字的编址方式如图 1－12 所示。

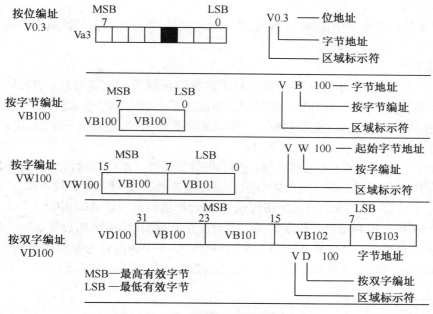

图 1－12　位、字节、字、双字的编址方式

2. 寻址方式

S7－200 系列 LPC 指令系统的寻址方式有立即寻址、直接寻址和间接寻址。

1)立即寻址

对立即数直接进行读写操作的寻址方式称为立即寻址。立即数寻址的数据在指令中以常数形式出现,常数的大小由数据的长度(二进制数的位数)决定。不同数据的取值范围如表 1－6 所示。

表 1-6 数据大小范围及相关整数范围

数据大小	无符号数范围		有符号数范围	
	十进制	十六进制	十进制	十六进制
字节(8 位)	0～255	0～FF	−128～+127	80～7F
字(16 位)	0～65 535	0～FFFF	−32 768～+32 767	8 000～7FFF
双字(32 位)	0～4 294 967 295	0～FFFFFFFF	−2 147 483 648～ +2 147 483 647	800 000 000～7FFFFFFF

S7-200 系列 PLC 中,常数值可为字节、字、双字,存储器以二进制方式存储所有常数。指令中可用二进制、十进制、十六进制或 ASCII 码形式来表示常数,其具体格式如下:

(1) 二进制格式。在二进制数前加"2#"表示,如 2#1010。

(2) 十进制格式。直接用十进制数表示,如 12345。

(3) 十六进制格式。在十六进制数前加"16#"表示,如 16#4E4F。

(4) ASCII 码格式。用单引号 ASCII 码文本表示,如'good bye'。

2) 直接寻址

直接寻址是指在指令中直接使用存储器的地址编号,直接到指定的区域读取或写入数据,如 I0.1、MB10、VW200 等。

3) 间接寻址

S7-200 系列 PLC CPU 允许用指针对下述存储区域进行间接寻址:I、Q、V、M、S、AI、AQ、T(仅当前值)和 C(仅当前值)。间接寻址不能用于位地址、HC 或 L。

在使用间接寻址之前,首先要创建一个指向该位置的指针,指针为双字值,用来存放一个存储器的地址,只能用 V、L 或 AC 做指针。

建立指针时必须用双字传送指令(MOVD)将需要间接寻址的存储器地址送到指针中,如"MOVD&VB200,AC1"。指针也可以为子程序传递参数。&VB200 表示 VB200 的地址,而不是 VB200 中的值,该指令的含义是将 VB200 的地址送到累加器 AC1 中。

指针建立好后,可利用指针存取数据。用指针存取数据时,在操作数前加"*"号,表示该操作数为 1 个指针,如"MOVW*AC1,AC0"表示将 AC1 中的内容为起始地址的一个字长的数据(即 VB200、VB201 的内容送到 AC0 中,传送示意图如图 1-13 所示)。

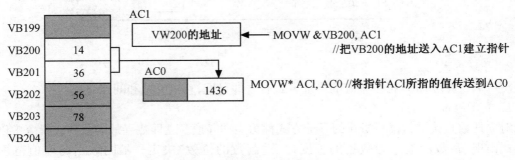

图 1-13 使用指针的间接寻址

S7-200 系列 PLC 的存储器寻址范围如表 1-7 所示。

表 1 - 7　S7 - 200 系列 PLC 的存储器寻址范围

寻址方式	CPU 221	CPU 222	CPU 224	CPU 224XP	CPU 226
位存取 （字节、位）	I0.0～I15.7　Q0.0～Q15.7　M0.0～M31.7　T0～T255　C0～C255　L0.0～L59.7				
	V0.0～V2 047.7		V0.0～8 191.7	V0.0～V10 239.7	
	SM0.0～SM179.7	SM0.0～SM199.7	SM0.0～SM549.7		
字节存取	IB0～IB15　QB0～QB15　MB0～MB31　SB0～SB31　LB0～LB59　AC0～AC3				
	VB0～VB2 047		VB0～VB8 191	VB0～VB10 239	
	SMB0.0～SMB179	SMB0.0～SMB299	SMB0.0～SMB549		
字存取	IW0～IW14　QW0～QW14　MW0～MW30　SW0～SW30 T0～T255　C0～C255　LW0～LW58　AC0～AC3				
	VW0～VW2 046		VW0～VW8 190	VW0～VW10 238	
	SMW0～SMW178	SMW0～SMW298	SMW0～SMW548		
	AIW0～AIW30	AQW0～AQW30	AIW0～AIW62　AQW0～AQW30		
双字存取	ID0～ID2 044　QD0～QD12　MD0～MD28　SD0～SD28　LD0～LD56　AC0～AC3				
	VD0～VD2 044		VD0～VD8 188	VD0～VD10 236	
	SMD0～SMD176	SMD0～SMD296	SMD0～SMD546		

五、STEP7 Micro/WIN 软件介绍

（一）软件安装

（1）在光盘中找到文件夹"STEP7 WIN V4SP3"中的 SETUP. EXE 执行文件。

（2）双击此文件，安装软件。

（3）在弹出的语言选择对话框中选择"English"，然后点击下一步。

（4）选择安装路径，并点击下一步。

（5）等待软件安装，完成后点击"完成"，并重启计算机。

（二）软件使用

（1）双击桌面上的快捷方式图标，打开编程软件。

（2）选择工具菜单"Tools"选项下的 Options。

（3）在弹出的对话框选中"Options""General"在"Language"中选择"Chinese"，最后点击"OK"，退出程序后重新启动。

（4）重新打开编程软件，此时为汉化界面（图 1 - 14）。

浏览条　　指令树　　　　　交叉参考　数据块　状态表　　　符号表

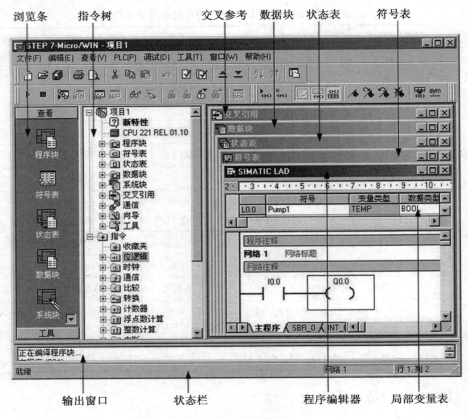

输出窗口　　　　状态栏　　　　　程序编辑器　局部变量表

图 1 - 14　汉化界面

（三）创建工程

（1）点击"新建项目"按钮。

（2）选择文件（File）→新建（New）菜单命令。

（3）按 Ctrl＋N 快捷键组合，在菜单"文件"下单击"新建"，开始新建一个程序。

（4）在程序编辑器中输入指令。

从指令树拖放。选择指令（图 1 - 15），将指令拖曳至所需的位置（图 1 - 16）。

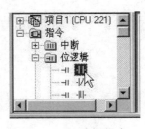

图 1 - 15　选择指令

图 1 - 16　拖曳指令

释放鼠标按钮，将指令放置在所需的位置（图 1 - 17）。或双击该指令，将指令放置在所需的位置（图 1 - 18）。

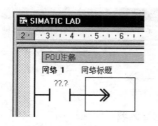

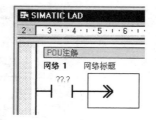

图 1－17　放置指令 1　　　　　　　　　　图 1－18　放置指令 2

注：光标会自动阻止将指令放置在非法位置。例如，放置在网络标题或另一条指令的参数上。

② 从指令树双击

使用工具条按钮或功能键。在程序编辑器窗口中将光标放在所需的位置。一个选择方框在位置周围出现（图 1－19）。或者点击适当的工具条按钮，或使用适当的功能键（F4＝触点、F6＝线圈、F9＝方框）插入一个类属指令（图 1－20）。

图 1－19　出现选择方框　　　　　图 1－20　类属指令

出现一个下拉列表（图 1－21）。滚动或键入开头的几个字母，浏览至所需的指令。双击所需的指令或使用 ENTER 键插入该指令。如果此时您不选择具体的指令类型，则可返回网络，点击类属指令的助记符区域（该区域包含???，而不是助记符），或者选择该指令并按 ENTER 键，将列表调回。

图 1－21　下拉列表

（5）输入地址

① 当在 LAD 中输入一条指令时，参数开始用问号表示，例如，??.? 或????。问号表示参数未赋值。可以在输入元素时为该元素的参数指定一个常数或绝对值、符号或变量地址或者以后再赋值。如果有任何参数未赋值，程序将不能正确编译。

② 指定地址。欲指定一个常数（如 100）或一个绝对地址（如 I0.1），只需在指令地址区域中键入所需的数值即可。用鼠标或 ENTER 键选择键入地址区域（图 1－22）。

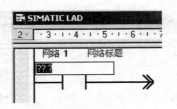

图 1-22　选择键入地址区域

（6）错误指示

红色文字显示非法语法（图 1-23）。

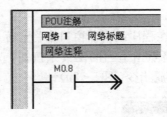

图 1-23　非法语法

注：当您用有效数值替换非法地址值或符号时，字体自动更改为默认字体颜色（黑色，除非您已定制窗口）。

如图 1-24 所示，红色波浪线位于数值下方，表示该数值或是超出范围或是不适用于此类指令。

图 1-24　数值超出范围

如图 1-25 所示，绿色波浪线位于数值下方，表示正在使用的变量或符号尚未定义。STEP 7 Micro/WIN 允许您在定义变量和符号之前写入程序。可随时将数值增加至局部变量表或符号表中。

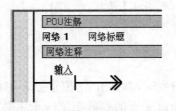

图 1-25　数值为正使用的变量

（7）程序编译

用工具条按钮或 PLC 菜单进行编译（图 1-26）。

图 1-26　编译程序

①"编译"允许编译项目的单个元素。当选择"编译"时,带有焦点的窗口(程序编辑器或数据块)是编译窗口,另外两个窗口不编译。

②"全部编译"对程序编辑器、系统块和数据块进行编译。当使用"全部编译"命令时,哪一个窗口是焦点无关紧要。

(8) 程序保存

使用工具条上的"保存"按钮保存作业,或从"文件"菜单选择"保存"和"另存为"选项保存程序(图 1-27)。

图 1-27　程序保存

①"保存"允许在作业中快速保存所有改动。初次保存一个项目时,会被提示核实或修改当前项目名称和目录的默认选项。

②"另存为"允许修改当前项目的名称和/或目录位置。

③ 当首次建立项目时,STEP 7 Micro/WIN 提供默认值名称"Project1. mwp"。可以接受或修改该名称;如果接受该名称,下一个项目的默认名称将自动递增为"Project2. mwp"。

STEP 7 Micro/WIN 项目的默认目录位置是位于"Microwin"目录中的称为"项目"的文件夹,可以不接收该默认位置。

(四) 通信设置

(1) 使用 PC/PPI 连接,可以接收安装 STEP 7 Micro/WIN 时在"设置 PG/PC 接口"对话框中提供的默认通信协议,否则,从"设置 PG/PC 接口"对话框为个人计算机选择另一个通信协议,并核实参数(站址、波特率等)。在 STEP 7 Micro/WIN 中,点击浏览条中的"通信"图标,或从菜单选择检视→组件→通信(图 1-28)。

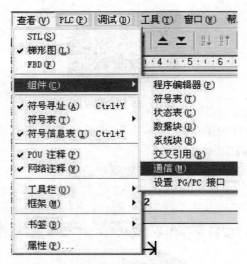

图 1－28　设置通信协议

（2）从"通信"对话框的右侧窗格，单击显示"双击刷新"的蓝色文字（图 1－29）。

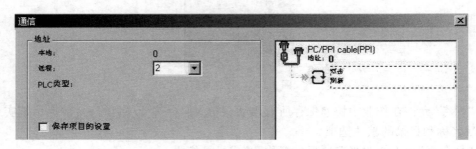

图 1－29　通信设置

（3）如果成功地在网络上的个人计算机与设备之间建立了通信，则会显示一个设备列表（及其模型类型和站址）。

（4）STEP 7 Micro/WIN 在同一时间仅与一个 PLC 通信，会在 PLC 周围显示一个红色方框，说明该 PLC 目前正在与 STEP 7 Micro/WIN 通信。双击另一个 PLC，更改为与该 PLC 通信。

（五）程序下载

（1）从个人计算机将程序块、数据块或系统块下载至 PLC 时，下载的块内容覆盖目前在 PLC 中的块内容（如果 PLC 中有）。在开始下载之前，核实所希望覆盖 PLC 中的块。

（2）下载至 PLC 之前，必须核实 PLC 位于"停止"模式。检查 PLC 上的模式指示灯。如果 PLC 未设为"停止"模式，点击工具条中的"停止"按钮，或选择 PLC→停止。

（3）点击工具条中的"下载"按钮，或选择文件→下载，出现"下载"对话框。

（4）根据默认值，在初次发出下载命令时，"程序代码块"、"数据块"和"CPU 配置"（系统块）复选框被选择。如果不需要下载某一特定的块，清除该复选框。

（5）点击"确定"开始下载程序。

（6）如果下载成功，一个确认框会显示以下信息："下载成功"。

（7）如果 STEP 7 Micro/WIN 中用的 PLC 类型的数值与实际使用的 PLC 不匹配,会显示以下警告信息:"为项目所选的 PLC 类型与远程 PLC 类型不匹配。继续下载吗?"

（8）欲纠正 PLC 类型选项,选择"否",终止下载程序。

（9）从菜单条选择 PLC→类型,调出"PLC 类型"对话框。

（10）可以从下拉列表方框选择纠正类型,或单击"读取 PLC"按钮,由 STEP 7 Micro/WIN 自动读取正确的数值。

（11）点击"确定",确认 PLC 类型,并清除对话框。

（12）点击工具条中的"下载"按钮,重新开始下载程序,或从菜单条选择文件→下载。

（13）一旦下载成功,在 PLC 中运行程序之前,必须将 PLC 从 STOP(停止)模式转换回 RUN(运行)模式。点击工具条中的"运行"按钮,或选择 PLC→运行,转换回 RUN(运行)模式。

（六）调试和监控

（1）当成功地在运行 STEP 7 Micro/WIN 的编程设备和 PLC 之间建立通信,并向 PLC 下载程序后,就可以利用"调试"工具栏的诊断功能。可点击工具栏按钮或从"调试"菜单列表选择项目,选择调试工具(图 1-30)。

按钮	功能
▶	设置 PLC 为运行模式
■	设置 PLC 为停止模式
	切换程序状态监控
	切换程序状态监控暂停
	切换状态表监控
	切换趋势图监控暂停
	状态表单次读取
	状态表全部写入
	强制 PLC 数据
	取消强制 PLC 数据
	状态表取消全部强制
	状态表读取全部强制数据
	切换趋势图监控打开与关闭

图 1-30　选择调试工具

（2）在程序编辑器窗口中采集状态信息的不同方法。

① 点击"切换程序状态监控"按钮,或选择菜单命令调试(Debug)→程序状态(Program Status),在程序编辑器窗口中显示 PLC 数据状态(图 1-31)。状态数据采集按以前选择的模式开始。

② LAD 和 FBD 程序有 2 种不同的程序状态

图 1-31　状态数据采集

数据采集模式。选择调试(Debug)→使用执行状态(Use Execution Status)菜单命令会在打开和关闭之间切换状态模式选择标记。必须在程序状态监控操作开始之前选择状态模式。

③ STL 程序中程序状态监控。打开 STL 中的状态监控时,程序编辑器窗口被分为一个代码区(左侧)和一个状态区(右侧)。可以根据希望监控的数值类型定制状态区。

在 STL 状态监控中共有 3 个可用的数据类别:

(1) 操作数。每条指令最多可监控 3 个操作数。

(2) 逻辑堆栈。最多可监控 4 个来自逻辑堆栈的最新数值。

(3) 指令状态位。最多可监控 12 个状态位。

工具(Tools)→选项(Options)对话框的 STL 状态标记允许选择或取消选择任何此类数值类别。如果选择一个项目,该项目不会在"状态"显示中出现(图 1 - 32)。

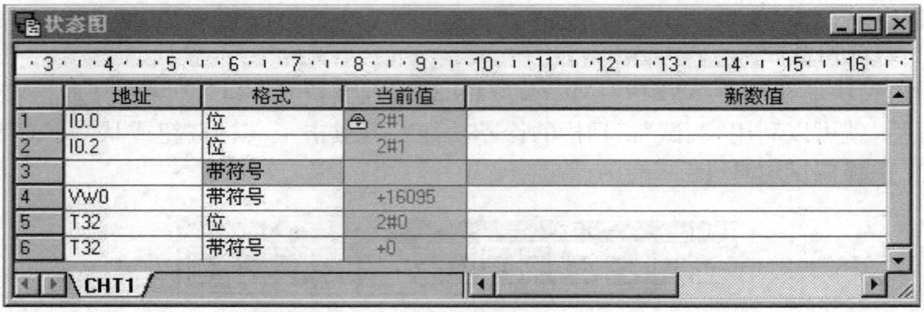

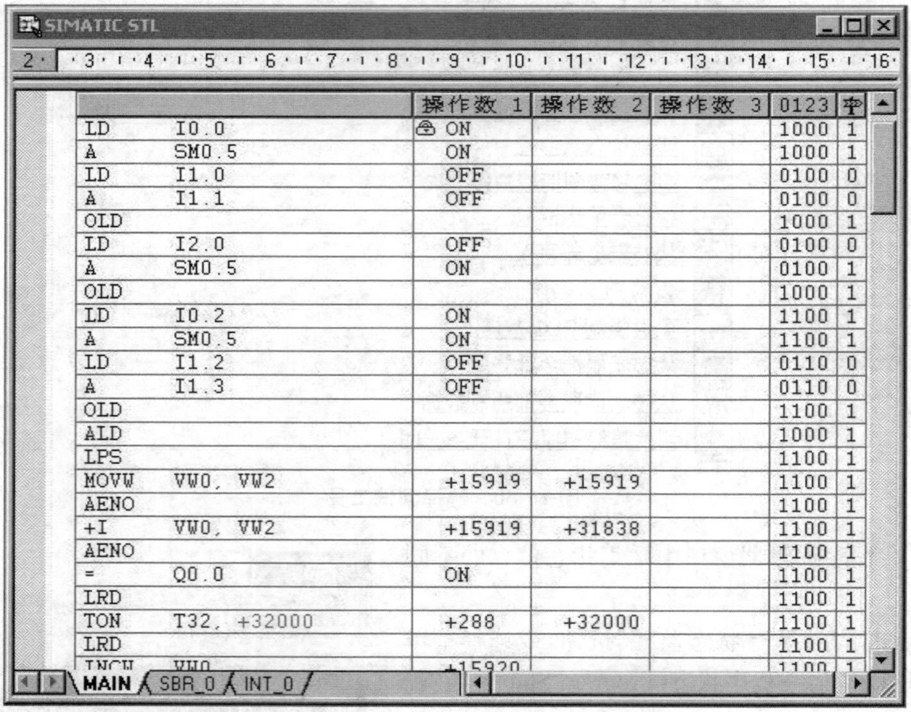

	地址	格式	当前值	新数值
1	I0.0	位	2#1	
2	I0.2	位	2#1	
3		带符号		
4	VW0	带符号	+16095	
5	T32	位	2#0	
6	T32	带符号	+0	

SIMATIC STL

		操作数 1	操作数 2	操作数 3	0123	中
LD	I0.0	ON			1000	1
A	SM0.5	ON			1000	1
LD	I1.0	OFF			0100	0
A	I1.1	OFF			0100	0
OLD					1000	1
LD	I2.0	OFF			0100	1
A	SM0.5	ON			0100	1
OLD					1000	1
LD	I0.2	ON			1100	1
A	SM0.5	ON			1100	1
LD	I1.2	OFF			0110	0
A	I1.3	OFF			0110	0
OLD					1100	1
ALD					1000	1
LPS					1100	1
MOVW	VW0, VW2	+15919	+15919		1100	1
AENO					1100	1
+I	VW0, VW2	+15919	+31838		1100	1
AENO					1100	1
=	Q0.0	ON			1100	1
LRD					1100	1
TON	T32, +32000	+288	+32000		1100	1
LRD					1100	1
INCW	VW0	+15920			1100	1

MAIN / SBR_0 / INT_0 /

图 1 - 32　状态显示

六、知识拓展

（一）PLC 的产生

PLC 最先是由美国通用汽车公司（GE）提出（1968 年），由美国数字设备公司（DEC）研制成功（1969 年）。因其具有逻辑运算、定时、计算功能而称为 PLC（programmable logic controller）。20 世纪 80 年代，随着计算机技术的发展，PLC 采用通用微处理器为核心，功能扩展到各种算术运算，PLC 运算过程控制并可与上位机通信，实现远程控制，则称之为 PC（programmable controller），即可编程控制器。

（二）PLC 的定义

国际电工委员会（IEC）1987 年颁布的可编程逻辑控制器的定义如下：可编程逻辑控制器是专为在工业环境下应用而设计的一种数字运算操作的电子装置，是带有存储器、可以编制程序的控制器。它能够存储和执行命令，进行逻辑运算、顺序控制、定时、计数和算术运算等操作，并通过数字式和模拟式的输入输出，控制各种类型的机械或生产过程。可编程控制器及其有关的外围设备，都应按易于工业控制系统形成一个整体、易于扩展其功能的原则设计。

（三）可编程控制器的工作特点

（1）使用于工业环境，抗干扰能力强。

（2）可靠性高。无故障工作时间（平均）数十万小时并可构成多机冗余系统。

（3）控制能力极强。算术、逻辑运算、定时、计数、PID 运算、过程控制、通信等。

（4）使用、编程方便。梯形图（LAD）、语句表（STL）、功能图（FBD）、控制系统流程图等编程语言通俗易懂，使用方便。

（5）组成灵活。小型 PLC 为整体结构，并可外接 I/O 扩展机箱构成 PLC 控制系统。中大型 PLC 采用分体模块式结构，设有各种专用功能模块（开关量、模拟量输入输出模块，位控模块，伺服、步进驱动模块等）供选用和组合，由各种模块组成大小和要求不同的控制系统。

所以，可编程控制器可以称为全功能工业控制计算机。

（四）可编程控制器的分类和发展

1. 分类

按 I/O 点数可分为大、中、小型 3 类，通常可以定义为：

（1）小型。I/O 点数在 256 点以下。

（2）中型。I/O 点数在 256～1 024 点之间。

（3）大型。I/O 点数在 1 024 点以上。

2. 应用

可编程控制器在多品种、小批量、高质量的产品生产中得到广泛应用，PLC 控制已成为工业控制的重要手段之一，与 CAD/CAM、机器人技术一起成为实现现代自动化生产的三大支柱。通常可以认为，只要有控制要求的地方，都可以用到可编程控制器。

3. 发展方向

1）PLC 的国内外状况

世界上公认的第一台 PLC 是 1969 年由美国数字设备公司（DEC）研制的。限于当时的元器件条件及计算机发展水平，早期的 PLC 主要由分立元件和中小规模集成电路组成，可以完成简单的逻辑控制及定时、计数功能。20 世纪 70 年代初出现了微处理器，人们很快将其引入可编程控制器,使 PLC 增加了运算、数据传送及处理等功能,实现了真正具有计算机特征的工业控制装置。为了方便熟悉继电器、接触器系统的工程技术人员使用,可编程控制器采用和继电器电路图类似的梯形图作为主要编程语言,并将参加运算及处理的计算机存储元件都以继电器命名。此时的 PLC 为微机技术和继电器常规控制概念相结合的产物。

20 世纪 70 年代中末期,可编程控制器进入实用化发展阶段,计算机技术已全面应用于可编程控制器中,使其功能有飞跃变化,更快的运算速度、超小型体积、更可靠的工业抗干扰设计、模拟量运算、PID 功能及极高的性价比,确定了可编程控制器在现代工业中的地位。20 世纪 80 年代初,可编程控制器已在先进工业国家获得广泛应用。这个时期的可编程控制器发展特点是大规模、高速度、高性能、产品系列化,而且生产可编程控制器的国家日益增多,产量日益上升,标志着可编程控制器已步入成熟阶段。

20 世纪末期,可编程控制器的发展特点更加适应于现代工业的需要。从控制规模上,发展了大型机和超小型机;从控制能力上,产生了各种特殊功能单元,用于压力、温度、转速、位移等控制场合;从产品的配套能力上,生产了各种人机界面单元、通信单元,使应用可编程控制器的工业控制设备的配套更加容易。目前,可编程控制器在机械制造、石油化工、冶金钢铁、汽车、轻工业等领域的应用都得到了长足发展。我国可编程控制器的引进、应用、研制、生产是伴随着改革开放开始的,最初是在引进设备中大量使用可编程控制器,然后是在各种企业的生产设备及产品中不断扩大 PLC 的应用。目前,我国已经可以生产中小型可编程控制器。例如,上海东屋电气有限公司生产的 CF 系列、杭州机床电器厂生产的 DKK 及 D 系列、大连组合机床研究所生产的 S 系列、苏州电子计算机厂生产的 YZ 系列等多种产品已具备了一定的规模并在工业产品中获得应用。此外,无锡华光公司、上海乡岛公司等中外合资企业也是我国比较著名的 PLC 生产厂家。可以预期,随着我国现代化进程的深入,PLC 在我国将有更广阔的应用天地。

2) PLC 未来展望

21 世纪,PLC 将会有更大的发展。从技术上看,计算机技术的新成果会更多应用于可编程控制器的设计和制造,将出现运算速度更快、存储容量更大、智能更强的 PLC;从产品规模上看,进一步向超小型及超大型方向发展;从产品的配套性上看,产品的品种更丰富、规格更齐全,完美的人机界面、完备的通信设备能更好地适应各种工业控制场合的需求;从市场上看,各国自行生产多品种产品的情况会随着国际竞争的加剧而打破,会出现少数几个品牌垄断国际市场的局面,出现国际通用的编程语言;从网络的发展情况来看,可编程控制器和其他工业控制计算机组网构成大型控制系统将是可编程控制器技术的发展方向。目前的计算机集散控制系统 DCS(distributed control system)中已有大量的可编程控制器应用。伴随着计算机网络的发展,可编程控制器作为自动化控制网络和国际通用网络的重要组成部分,将在工业及工业以外的众多领域发挥越来越大的作用。

PLC 未来发展方向分小型化和大型化两个发展趋势。小型 PLC 又有两个发展方向,即小(微)型化和专业化。大型 PLC 是指大中型 PLC 向着大容量、智能化和网络化发展,使之能与计算机组成集成控制系统,对大规模、复杂系统进行综合性的自动控制。

思考与练习

1.1 简述可编程的定义。

1.2　可编程控制器的主要特点有哪些?

1.3　小型 PLC 发展方向有哪些?

1.4　PLC 由哪几部分组成?

1.5　PLC 的 I/O 接口电路有哪几种形式?

1.6　PLC 有哪些输出方式? 分别适应什么类型的负载?

1.7　PLC 有哪些内部元件? 各元件地址分配和操作数范围是怎么确定的?

1.8　简述 PLC 的工作原理。

模块二　典型电气控制线路 PLC 控制系统设计、安装与调试

工作任务 1　PLC 对电动机自动往返循环控制线路进行改造

能力目标

1. 学会 I/O 地址分配表的设置；
2. 掌握绘制 PLC 硬件接线图的方法并能正确接线；
3. 学会编程软件的基本操作；
4. 掌握基本指令的用法。

知识目标

1. 掌握基本指令(LD、LDN、=、A、AN、O、ON、R、RS、SR、EU、ED、NOT、ALD、OLD)等指令用法；
2. 理解 PLC 控制系统的设计方法。

一、工作任务

某企业采用继电接触控制电动机自动往返循环，自动往返循环控制线路如图 2-1 所示。请分析该控制线路图的控制功能，并用可编程控制器对其控制线路进行改造。

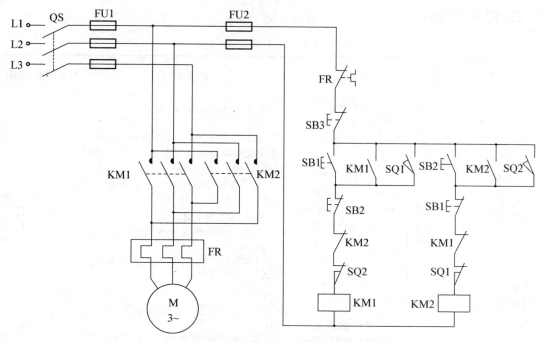

图 2‑1　电动机自动往返循环控制线路

二、考核内容

（1）根据图 2‑1 所示的原理图，分析该线路的控制功能；

（2）按控制要求完成 I/O 口地址分配表的编写；

（3）完成 PLC 控制系统硬件接线图的绘制；

（4）完成 PLC 的 I/O 口的连线；

（5）按控制要求绘制梯形图、输入并调试控制程序；

（6）考核过程中，注意"6S 管理"要求。

三、评分表(表 2 - 1)

表 2 - 1　评分标准

评价内容	序号	主要内容	考核要求	评分细则	配分	扣分	得分
职业素养与操作规范(50分)	1	工作前准备	清点工具、仪表等	未清点工具、仪表等每项扣1分。	5		
	2	安装与接线	按 PLC 控制 I/O 接线图在模拟配线板正确安装,操作规范	① 未关闭电源开关,用手触摸电器线路或带电进行线路连接或改接,本项记0分。 ② 线路布置不整齐、不合理,每处扣2分。 ③ 损坏元件扣5分。 ④ 接线不规范造成导线损坏,每根扣5分。 ⑤ 不按 I/O 接线图接线,每处扣2分。	15		
	3	程序输入与调试	熟练操作编程软件,将所编写的程序输入PLC;按照被控设备的动作要求进行模拟调试,达到控制要求	① 不会熟练操作软件输入程序,扣10分。 ② 不会进行程序删除、插入、修改等操作,每项扣2分。 ③ 不会联机下载调试程序扣10分。 ④ 调试时造成元件损坏或者熔断器熔断每次扣10分。	20		
	4	清洁	工具摆放整洁;工作台面清洁	乱摆放工具、仪表,乱丢杂物,完成任务后不清理工位扣5分。	5		
	5	安全生产	安全着装;按维修电工操作规程进行操作	① 没有安全着装,扣5分。 ② 出现人员受伤、设备损坏事故,考试成绩为0分。	5		
作品(50分)	6	功能分析	能正确分析控制线路功能	能正确分析控制线路功能,功能分析不正确,每处扣2分。	10		
	7	I/O 分配表	正确完成 I/O 地址分配表	I/O 地址遗漏,每处扣2分。	5		
	8	硬件接线图	绘制 I/O 接线图	① 接线图绘制错误,每处扣2分。 ② 接线图绘制不规范,每处扣1分。	5		
	9	梯形图	梯形图正确、规范	① 梯形图功能不正确,每处扣3分。 ② 梯形图画法不规范,每处扣1分。	15		
	10	功能实现	根据控制要求,准确完成系统的安装调试	不能达到控制要求,每处扣5分。	15		
评分人:				核分人:	总分		

任务实施

一、I/O 地址分配表（表 2-2）

表 2-2　I/O 地址分配表

输入			输出		
SB1	I0.0	正转按钮	Q0.0	KM1	正转控制
SB2	I0.1	反转按钮	Q0.1	KM2	反转控制
SB3	I0.2	停止按钮			
SQ1	I0.3	左限位			
SQ2	I0.4	右限位			
FR	I0.5	热继电器			

二、PLC 硬件接线图（图 2-2）

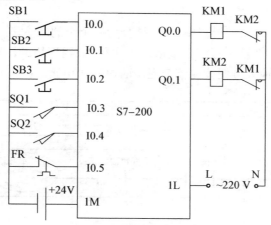

图 2-2　PLC 的硬件接线图

三、控制程序（图 2-3）

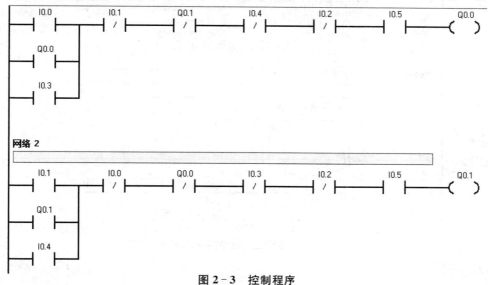

图 2-3　控制程序

四、系统调试

（1）完成硬件接线并检查、确认接线正确；

（2）输入并运行程序，监控程序运行状态，分析程序运行结果；

（3）程序符合控制要求后再接通主电路试车，进行系统调试，直到最大限度地满足系统的控制要求为止。

知识链接

一、指令的组成

由于梯形图（LAD）、指令表（STL）编辑方式为广大编程人员所熟悉，所以，这里就以梯形图（LAD）和指令表（STL）为主介绍指令的组成与使用。

1. 梯形图编辑器中指令的组成与使用

如图 2 - 4 所示，在梯形图编辑器中，程序被分为一个个的网络段（Network n）。每一个网络中是具体功能的实现。在整个程序中包括许多注释，如程序块的注释、网络段的注释、每一个元件的注释等，能够使他人方便读懂整个程序的内容和功能。

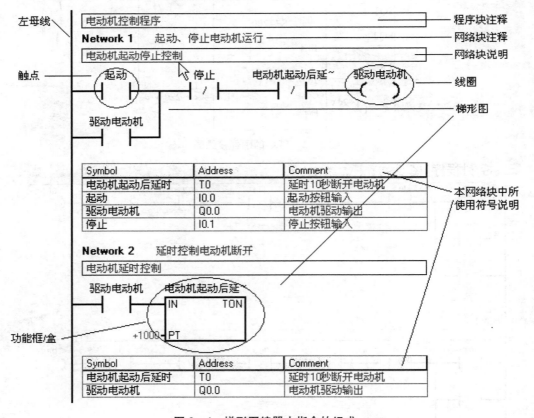

图 2 - 4　梯形图编器中指令的组成

梯形图指令中的基本内容如下：

（1）左母线。左母线是梯形图左侧的粗竖线，它是为整个梯形图程序提供能量的源头。

（2）触点。触点代表逻辑"输入"条件，如开关、按钮等闭合或打开动作或者内部条件。

（3）线圈。线圈代表逻辑"输出"结果，如灯的亮灭，电动机的起动停止，中间继电器的动作或者内部输出条件。

（4）功能框/指令盒。功能框/指令盒代表附加指令，如定时器、计数器、功能指令或数学运算指令等。

梯形图编辑方式方便初学者使用，易于理解，可以建立与电气接线图类似的程序，而且全世界通用。指令表编辑器可以显示所有用梯形图编辑器编写的程序。

2. 指令表编辑器中指令的组成与使用

如图 2-5 所示，在指令表编辑器中，程序也分为一个个的网络段，这样可以与梯形图进行转换。当然也可以不分网络段，此时指令表程序不能转换。注释部分和梯形图编辑器中相同。

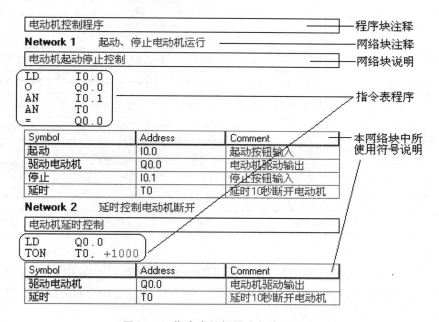

图 2-5　指令表编辑器中指令的组成

指令表程序的基本构成为：指令助记符＋操作数，例如，LD I0.0，其中，LD 为指令助记符，表示具体需要完成的功能，I0.0 为操作数，表示被操作的内容。指令表属于文本形式的编程语言，和汇编语言类似，可以解决梯形图指令不易解决的问题，适用于对 PLC 和逻辑编程的有经验的程序员。

3. 操作数

在 PLC 编程中，多数指令需要指定具体的存储单元或具体数据参与运算，这些就是指令所需的操作数。按照表现形式的不同，S7-200 系列 PLC 可提供 3 种形式的操作数，即存储单元、常数、能流。

1）存储单元

在直接寻址中涉及的所有存储器都可以作为操作数。此类操作数包括输入映像寄存器

（I）、输出映像寄存器（Q）、变量存储器（V）、内部标志位存储器（M）、特殊标志位存储器（SM）、顺序控制继电器（S）、局部存储器（L）中的位寻址方式、字节寻址方式、字寻址方式、双字寻址方式，还包括定时器存储器（T）、计数器存储器（C）、高速计数器（HC）、模拟量输入（AI）、模拟量输出（QI）和累加器（AC）。不同的 CPU 模块中存储单元类操作数的数量有所不同，表 2-3 列出了 S7-200 系列 PLC 中的所有可用存储单元类操作数。

表 2-3　CPU 22X 中可用存储单元类操作数

存储器单元		CPU 221	CPU 222	CPU 224	CPU 226
输入映像寄存器		I0.0～I15.7	I0.0～I15.7	I0.0～I15.7	I0.0～I15.7
输出映像寄存器		Q0.0～Q15.7	Q0.0～Q15.7	Q0.0～Q15.7	Q0.0～Q15.7
模拟量输入（只读）		—	AIW0～AIW30	AIW0～AIW62	AIW0～AIW62
模拟量输出（只写）		—	AQW0～AQW30	AQW0～AQW62	AQW0～AQW62
变量存储器		V0.0～V2047.7	V0.0～V2047.7	V0.0～V5119.7	V0.0～V5119.7
局部存储器		L0.0～L63.7	L0.0～L63.7	L0.0～L63.7	L0.0～L63.7
内部标志位存储器		M0.0～M31.7	M0.0～M31.7	M0.0～M31.7	M0.0～M31.7
特殊标志位存储器		SM0.0～SM179.7	SM0.0～SM179.7	SM0.0～SM179.7	SM0.0～SM179.7
	只读	SM0.0～SM29.7	SM0.0～SM29.7	SM0.0～SM29.7	SM0.0～SM29.7
定时器		T0～T255	T0～T255	T0～T255	T0～T255
计数器		C0～C255	C0～C255	C0～C255	C0～C255
高速计数器		HC0、HC3～HC5	HC0、HC3～HC5	HC0～HC5	HC0～HC5
顺序控制继电器		S0.0～S31.7	S0.0～S31.7	S0.0～S31.7	S0.0～S31.7
累加器		AC0～AC3	AC0～AC3	AC0～AC3	AC0～AC3

2）常数

常数是指令中常用的一种操作数，常数值可为字节、字或双字。在 PLC 内部，所有常数均以二进制存储，但在编程时可以输入的常数形式有二进制、十进制、十六进制、ASCII 码或浮点数（实数）等。表 2-4 是几种常数的表示方法。

表 2-4　常数的表示方法

数制	书写格式	举例
二进制	2#二进制数	2#1100_1011_0001_1111
十进制	十进制数值	1 688
十六进制	16#十六进制数	16#A3CD
ASCII 码	'ASCII 码字符'	'This is a example'
浮点数（实数）	ANSI/IEEE754.1985 标准	（正数）+1.175 495E-38 至+3.402 823E+38
		（负数）-1.175 495E-38 至-3.402 823E+38

3）能流

在梯形图中没有真正的电流流动。为方便,对 PLC 周期扫描过程的分析和指令运行状态,假想有"电流"在梯形图中流动,这就是"能流"。"能流"只能在梯形图中从左向右流动,任何可以连接到左/右母线或触点的梯形图元件都有"能流"的输入(EN)/输出端(ENO)。输入端(EN)必须有能量流,才能执行该元件功能,在元件正确无误的执行其功能后,输出端(ENO)才能将能量流传送到下一个单元。只有梯形图(LAD)和功能块图(FBD)中才有能流的概念。能流对应于指令表的栈顶值为 1。

二、基本位操作指令

位逻辑指令属于基本逻辑控制指令,是专门针对位逻辑量进行处理的指令,它与使用继电器进行逻辑控制十分相似。位逻辑指令包括触点指令、线圈驱动指令、置位/复位指令、正/负跳变指令和堆栈指令等,主要分为位操作指令部分和位逻辑运算指令部分。S7 - 200 系列 PLC 中还提供了立即指令,主要用于对输出线圈的无延时控制。

1. LD(Load)、LDN(Load Not)及=(Out)指令

1）指令格式

梯形图与指令表格式见表 2 - 5。指令可用操作数见表 2 - 6。

表 2 - 5　LD、LDN 及=指令格式

名　称	装　载	非装载	线圈驱动
指令	LD	LDN	=
指令表格式	LD bit	LDN bit	=bit
梯形图格式	┤├ bit	┤/├ bit	─( )─ bit

表 2 - 6　LD、LDN 及=指令可用操作数

指　令	可用操作数
LD、LDN	I、Q、M、SM、T、C、V、S、L 的位逻辑量
=	Q、M、S、V 的位逻辑量

2）指令功能

LD　装载指令。常开触点与母线相连,开始一个网络块中的逻辑运算。

LDN　非装载指令。常闭触点与母线相连,开始一个网络块中的逻辑运算。

=　线圈驱动指令。

3）指令应用举例

在梯形图和指令表程序中的应用如图 2 - 6 所示。

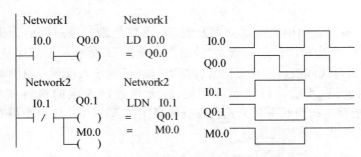

图 2－6　LD、LDN、＝指令的梯形图、指令表及时序图

（1）当 I0.0 闭合时，输出线圈 Q0.0 接通。

（2）当 I0.1 断开时，输出线圈 Q0.1 和内部辅助线圈 M0.0 接通。

4）指令使用说明

（1）内部输入触点（I）的闭合与断开仅与输入映像寄存器相应位的状态有关，而与外部输入按钮、接触器、继电器的常开/常闭接法无关。如果输入映像寄存器相应位为 1，则内部常开触点闭合，常闭触点断开；输入映像寄存器相应位为 0，则内部常开触点断开，常闭触点闭合。

（2）LD、LDN 指令不仅用于网络块逻辑计算的开始，而且在块操作 ALD、OLD 中也要配合使用。

（3）在同一个网络块中，＝指令可以任意次使用，驱动多个线圈。

（4）同一编号的线圈在一个程序中使用两次及其以上，叫做线圈重复输出。因为 PLC 在运算时仅将输出结果置于输出映像寄存器中，在所有程序运算均结束后才统一输出，所以在线圈重复输出时，后面的运算结果会覆盖前面的结果，容易引起误动作，因此，建议避免使用。

（5）梯形图的每一网络块均从左母线开始，接着是各种触点的逻辑连接，最后是以线圈或指令盒结束。一定不能将触点置于线圈的右边，线圈和指令盒一般也不能直接接在左母线上，如确有需要，可以利用特殊标志位存储器（如 M0.0）连接。

2. A、AN 指令

1）指令格式

梯形图与指令表格式见表 2－7。指令可用操作数见表 2－8。

表 2－7　A、AN 指令基本格式

名称	与	非与
指令	A	AN
指令表	A　bit	AN　bit
梯形图	—| bit |—	—| bit /|—

表 2－8　A、AN 指令的可用操作数

指　令	可用操作数
A、AN	I、Q、M、SM、T、C、V、S、L 的位逻辑量

2）指令功能

A　单个常开触点串联连接指令。执行逻辑与运算。

AN　单个常闭触点串联连接指令。执行逻辑与运算。

3）指令应用举例

在梯形图和指令表程序中的应用如图 2-7 所示。

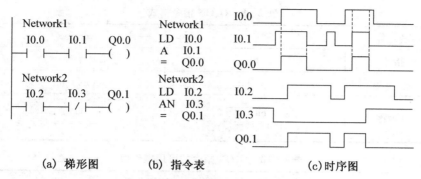

(a) 梯形图　　　(b) 指令表　　　　(c)时序图

图 2-7　A、AN 指令的梯形图、指令表及时序图

（1）I0.0 与 I0.1 执行逻辑与运算。在 I0.0 与 I0.1 均闭合时，线圈 Q0.0 接通；I0.0 与 I0.1 中只要有一个不闭合，线圈 Q0.0 就不能接通。

（2）I0.2 与常闭触点 I0.3 执行逻辑与运算。在 I0.2 闭合，I0.3 断开时，线圈 Q0.1 接通；若 I0.2 断开或 I0.3 闭合，则线圈 Q0.1 就不能接通。

4）指令说明

（1）A、AN 指令可在多个触点串联连接时连续使用。使用次数仅受编程软件的限制，最多串联 30 个触点。

（2）如图 2-8 所示，在使用=指令进行线圈驱动后，仍然可以使用 A、AN 指令，然后再次使用=指令。

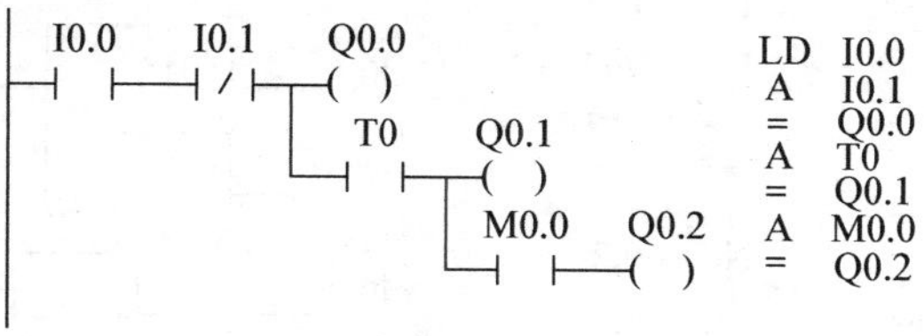

```
I0.0   I0.1   Q0.0              LD   I0.0
─┤├───┤/├───( )                A    I0.1
                                =    Q0.0
        T0    Q0.1              A    T0
       ─┤├───( )                =    Q0.1
               M0.0   Q0.2      A    M0.0
              ─┤├───( )         =    Q0.2
```

图 2-8　A、AN 指令和=指令的多次连续使用

（3）图 2-8 所示程序的上下次序不能随意改变，否则 A、AN 指令和=指令不能连续使用。如图 2-9 所示程序，在指令表中就需要使用堆栈指令过渡。这是因为 S7-200 系列 PLC 提供了一个 9 层的堆栈，栈顶用于存储逻辑运算的结果，即每次运算后结果都保存在栈顶，而且下一次运算结果会覆盖前一个结果。若要使用中间结果，必须对该中间结果进行压栈处理才能保存。

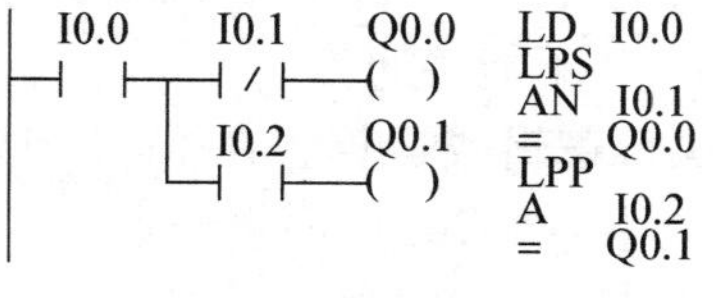

```
I0.0   I0.1   Q0.0      LD   I0.0
─┤├───┤/├───( )         LPS
                        AN   I0.1
I0.2   Q0.1             =    Q0.0
─┤├───( )               LPP
                        A    I0.2
                        =    Q0.1
```

图 2-9　A、AN 指令和=指令不能多次连续使用

3. O(Or)、ON(Or Not)指令

1）指令格式

梯形图与指令表格式见表 2－9。指令可用操作数见表 2－10。

表 2－9 O、ON 指令格式

名　称	或	非　或
指令	O	ON
指令表	O　bit	ON　bit
梯形图	bit ⌐ ⊣├⌐	bit ⌐ ⊣／├⌐

表 2－10 O、ON 指令的可用操作数

指　令	可用操作数
O、ON	I、Q、M、SM、T、C、V、S、L 的位逻辑量

2）指令功能

O　单个常开触点并联连接指令。执行逻辑或运算。

ON　单个常闭触点并联连接指令。执行逻辑非或运算。

3）指令应用举例

在梯形图和指令表程序中的应用如图 2－10 所示。

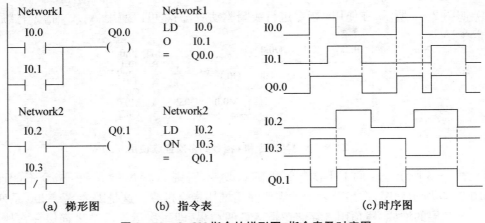

(a) 梯形图　　　(b) 指令表　　　(c) 时序图

图 2－10 O、ON 指令的梯形图、指令表及时序图

（1）I0.0 与 I0.1 执行逻辑或运算。当 I0.0 与 I0.1 任意一个闭合时,线圈 Q0.0 接通；I0.0 与 I0.1 均不闭合,则线圈 Q0.0 不能接通。

（2）I0.2 与常闭触点 I0.3 执行逻辑或运算。在 I0.2 闭合或 I0.3 断开时,线圈 Q0.1 接通；若 I0.2 断开,同时 I0.3 闭合,则线圈 Q0.1 不能接通。

4）指令说明

（1）O、ON 指令可在多个触点并联连接时连续使用。使用次数仅受编程软件的限制,在一个网络块中最多可并联 31 个触点。

（2）O、ON 指令可进行如图 2-11 所示的多重并联。

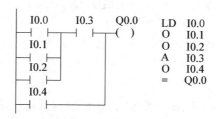

图 2-11　多重并联程序结构

4. S(Set)、R(Reset)指令

1）指令格式

梯形图与指令表格式见表 2-11。指令可用操作数见表 2-12。

表 2-11　S、R 指令格式

名　称	置　位	复　位
指令	S	R
指令表格式	S bit,N	R bit,N
梯形图格式	bit —(S) N	bit —(R) N

表 2-12　S、R 指令的可用操作数

指　令	可用操作数
S、R	Q、M、SM、T、C、V、S、L 的位逻辑量
N	VB、IB、QB、MB、SMB、SB、LB、AC、常数、＊VD、＊AC、＊LD N 可设置的范围为：1～255

2）指令功能

S　置位指令。将操作数中定义的 N 个位逻辑量强制置 1。

R　复位指令。将操作数中定义的 N 个位逻辑量强制置 0。

3）指令应用举例

在梯形图和指令表程序中的应用如图 2-12 所示。

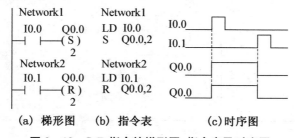

（a）梯形图　　（b）指令表　　（c）时序图

图 2-12　S、R 指令的梯形图、指令表及时序图

(1) S、R 指令中的"2"表示从指定的 Q0.0 开始的 2 个触点,即 Q0.0 和 Q0.1。

(2) 在检测到 I0.0 闭合的上升沿时,输出线圈 Q0.0、Q0.1 被置为 1 并保持,而不论 I0.0 为何种状态。

(3) 在检测到 I0.1 闭合的上升沿时,输出线圈 Q0.0、Q0.1 被复位为 0 并保持,而不论 I0.0 为何种状态。

4) 指令说明

(1) 指定触点一旦被置位,则保持接通状态,直到对其进行复位操作;而指定触点一旦被复位,则变为接通状态,直到对其进行复位操作。

(2) 如果对定时器和计数器进行复位操作,则被指定的 T 或 C 的位被复位,同时其当前值被清零。

(3) S、R 指令可多次使用相同编号的各类触点,使用次数不限,如图 2-13 所示。若几个触发信号同时闭合,则 Network1 中 Q0.0 的状态为接通,Network3 中 Q0.0 的状态为断开,Network6 中 Q0.0 的状态为接通,Network9 之后 Q0.0 的状态为断开。

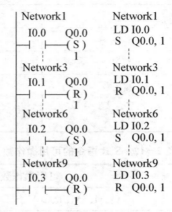

图 2-13　S、R 指令对同一线圈的多次设置

5. RS、SR 指令

1) 指令格式

梯形图与指令表格式见表 2-13。指令可用操作数见表 2-14。

表 2-13　RS、SR 指令基本格式

名称	复位优先锁存器	置位优先锁存器
指令	RS	SR
梯形图格式	bit S　ENO RS R₁	bit S₁　ENO SR R

表 2－14　RS、SR 指令可用操作数

指　令	可用操作数
S_1,R	能流
S、R_1	能流
OUT	能流
Bit	I、Q、M、V、S 的位逻辑量

2）指令功能

RS　复位优先锁存器。当置位信号和复位信号都有效时，复位信号优先，输出线圈不接通。

SR　置位优先锁存器。当置位信号和复位信号都有效时，置位信号优先，输出线圈接通。

3）指令应用举例

在梯形图中的应用如图 2－14 所示。

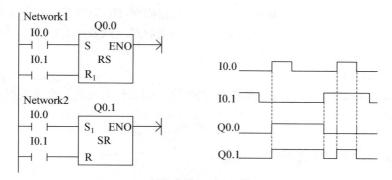

图 2－14　RS、SR 指令的梯形图及时序图

（1）RS、SR 指令均为锁存器，一个复位优先，一个置位优先。S 连接置位输入，R 连接复位输入。一旦输出线圈被置位，则保持置位状态直到复位输入接通。

（2）置位、复位输入均以高电平状态有效。

（3）RS、SR 指令只有梯形图格式，无指令表格式。其指令表是多个位逻辑指令的组合。

6.EU、ED 指令

1）指令格式

梯形图与指令表格式见表 2－15。

表 2－15　EU、ED 指令格式

名　称	正跳变触点	负跳变触点
指令	EU	ED
指令表格式	EU	ED
梯形图格式	—| P |—	—| N |—

2）指令功能

EU　正跳变触点。在检测到正跳变（OFF 到 ON）时，使能流接通一个扫描周期的时间。

ED　负跳变触点。在检测到负跳变（ON 到 OFF）时，使能流接通一个扫描周期的时间。

3）指令应用举例

在梯形图和指令表程序中的应用如图 2－15 所示。

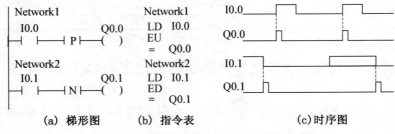

（a）梯形图　　　（b）指令表　　　　　　（c）时序图

图 2－15　EU、ED 指令的梯形图、指令表及时序图

（1）在 I0.0 闭合的瞬间，正跳变触点接通一个扫描周期，使 Q0.0 有一个扫描周期输出。

（2）在 I0.1 断开的瞬间，负跳变触点接通一个扫描周期，使 Q0.1 有一个扫描周期输出。

4）指令说明

（1）EU、ED 指令可无限次使用。

（2）正/负跳变指令常用于起动或关断条件的判断，以及配合功能指令完成逻辑控制任务。

7. NOT 指令

1）指令格式

梯形图与指令表格式见表 2－16。

表 2－16　指令格式

名　　称	非运算
指令	NOT
指令表格式	NOT
梯形图格式	—│ NOT │—

2）指令功能

NOT　非运算指令。可将该指令处的运算结果取反。无操作数。

3）指令应用举例

在梯形图和指令表程序中的应用如图 2－16 所示。

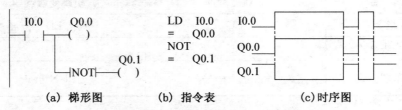

（a）梯形图　　　（b）指令表　　　　　（c）时序图

图 2－16　NOT 指令的梯形图、指令表及时序图

由于 NOT 指令的作用,线圈 Q0.0 与 Q0.1 的状态相反。

8. ALD(And Load)、OLD(Or Load)指令

1) 指令功能

ALD　实现多个指令块的"与"运算。

OLD　实现多个指令块的"或"运算。

指令块:2 个以上的触点经过并联或串联后组成的结构,如图 2-17 所示。

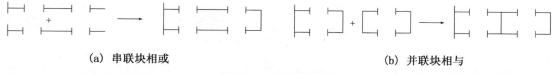

(a) 串联块相或　　　　　　　　　　　(b) 并联块相与

图 2-17　指令块结构

2) 指令应用举例

在梯形图和指令表程序中的应用如图 2-18 所示。

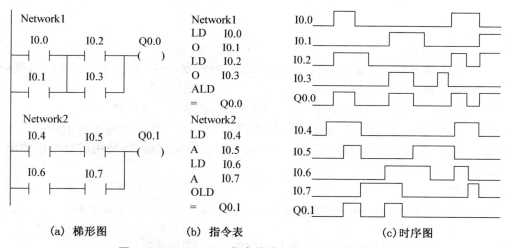

(a) 梯形图　　　　　(b) 指令表　　　　　(c) 时序图

图 2-18　ALD、OLD 指令的梯形图、指令表及时序图

(1) 网络块 1(Network 1)中为一个"块与"运算,I0.0 和 I0.1 组成一个或块,I0.2 和 I0.3 组成一个或块,然后两个或块串联,执行与运算。当 I0.0 或 I0.1 闭合且 I0.2 或 I0.3 闭合时,Q0.0 接通。

(2) 网络块 2(Network 2)中为一个"块或"运算,I0.4 和 I0.5 组成一个与块,I0.6 和 I0.7 组成一个与块,然后两个与块并联,执行或运算。当 I0.4 与 I0.5 均闭合或 I0.6 与 I0.7 均闭合时,Q0.1 接通。

3) 指令说明

(1) 每一个指令块均以 LD 或 LDN 指令开始。在描述完指令块后,该指令块就可以作为一个整体看待。

(2) ALD、OLD 指令无操作数。

(3) ALD、OLD 指令主要用于程序结构组织。在梯形图中没有该指令,只需按要求连接触点即可。但在指令表中,ALD、OLD 指令十分重要,可以组织复杂的程序结构,如图 2-19 所示。

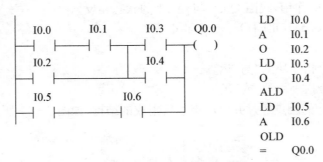

图 2 - 19 ALD、OLD 指令应用

9. LPS(Logic Push)、LRD(Logic Read)、LPP(Logic Pop)和 LDS(Load Stack)指令

S7 - 200 系列 PLC 提供了一个 9 层的堆栈来处理所有的逻辑操作,栈顶用于存储当前逻辑运算的结果,下面是 8 位的栈空间。堆栈中一般按照"先进后出"的原则进行操作,每一次进行入栈操作,新值放入栈顶,栈底值丢失;每一次进行出栈操作,栈顶值弹出,栈底值补入随机数。

1) 指令功能

LPS 逻辑入栈指令。复制栈顶的值,并将这个值推入堆栈。

LRD 逻辑读栈指令。复制堆栈中的第二个值到栈顶,不对堆栈进行入栈或出栈操作,但原栈顶值被新值取代。

LPP 逻辑出栈指令。堆栈中的第二个值到栈顶,栈底补入随机数。

LDS 复制堆栈中的第 n 个值到栈顶,栈底值丢失。如 LDS 5,是将堆栈中的第 5 个值复制到栈顶,并进行入栈操作,n 的取值范围为 0~8。该指令使用较少,使用后对堆栈的影响在指令说明中介绍。

2) 指令应用举例

在梯形图和指令表程序中的应用如图 2 - 20 所示。

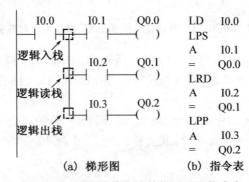

(a) 梯形图   (b) 指令表

图 2 - 20 逻辑堆栈指令的梯形图及指令表

当 I0.0 闭合时,有如下步骤:

(1) 将 I0.0 后的运算结果用 LPS 指令压入堆栈存储,当 I0.1 闭合时,Q0.0 接通。

(2) 用 LRD 指令读出堆栈中存储的值,但没有出栈操作,当 I0.2 闭合时,Q0.1 接通。

(3) 用 LPP 指令读出堆栈中存储的值,同时执行出栈操作,将 LPS 指令压入堆栈的值弹出,当 I0.3 闭合时,Q0.2 接通。

2）逻辑堆栈指令是无操作数指令。

3）由于堆栈空间有限（9 层堆栈）,所以 LPS 和 LPP 指令的连续使用不得超过 9 次。

4）LPS 与 LPP 指令必须成对使用,在它们之间可以多次使用 LRD 指令。使用方法如图 2-21 所示。

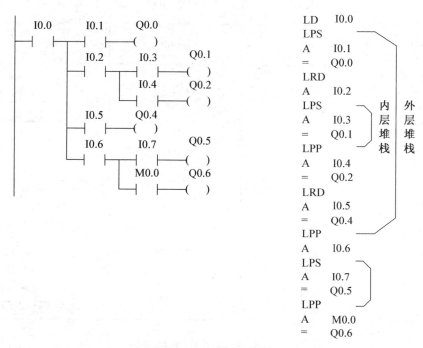

图 2-21　多层堆栈的使用

10. 立即指令

由于 PLC 遵循 CPU 的扫描工作方式,程序执行过程中所有的输入和输出触点的状态均取自 I/O 映像寄存器,统一读入或输出,因此,这种方式使 PLC 的 I/O 有一定的时间延迟。为加快 I/O 的响应速度,S7-200 系列 PLC 引入了立即指令的概念。立即指令的使用可以使 CPU 在程序执行时,不受循环扫描周期的约束,在输入映像寄存器的值没有更新的情况下,直接读取物理输入接口的值;也可以将程序执行时得到的输出线圈的结果直接复制到物理输出端口和相应的输出映像寄存器。

但要注意的是,立即指令是直接访问物理 I/O 接口的,比一般指令访问 I/O 映像寄存器占用 CPU 的时间要长,所以不能经常性地使用立即指令,否则会加长扫描周期,对系统造成不利影响。

立即指令的格式和使用与位逻辑指令相似,此处不再赘述。具体内容见表 2-17。

表 2-17 立即指令的指令表与梯形图格式

名　称	指　令	指令表格式	梯形图格式
立即装载	LDI	LDI bit	bit ─┤ I ├─
立即非装载	LDNI	LDNI bit	bit ─┤／I ├─
立即输出	=I	=I bit	bit ─(I)
立即置位	SI	SI bit,N	bit ─(SI) N
立即复位	RI	RI bit,N	bit ─(RI) N
立即与	AI	AI bit	bit ─┤ I ├─
立即非与	ANI	ANI bit	bit ─┤／I ├─
立即或	OI	OI bit	bit ┐ ─┤ I ├─┘
立即非或	ONI	ONI bit	bit ┐ ─┤／I├─┘

应用举例

例 1　4 组抢答器设计

控制要求 1:设计一个 4 组抢答器,任意一组抢先按下抢答按钮后,对应指示灯指示抢答结果,同时锁定抢答器,使其他组抢答按钮无效。在按下复位开关后,可重新开始抢答。

(1) I/O 分配:I/O 分配表见表 2-18。

表 2-18 四组抢答器 I/O 分配表

输入触点	功能说明	输出线圈	功能说明
I0.1	第一组抢答按钮	Q0.1	第一组抢答指示灯
I0.2	第二组抢答按钮	Q0.2	第二组抢答指示灯
I0.3	第三组抢答按钮	Q0.3	第三组抢答指示灯
I0.4	第四组抢答按钮	Q0.4	第四组抢答指示灯
I0.5	复位按钮		

（2）程序如图 2 - 22 所示。

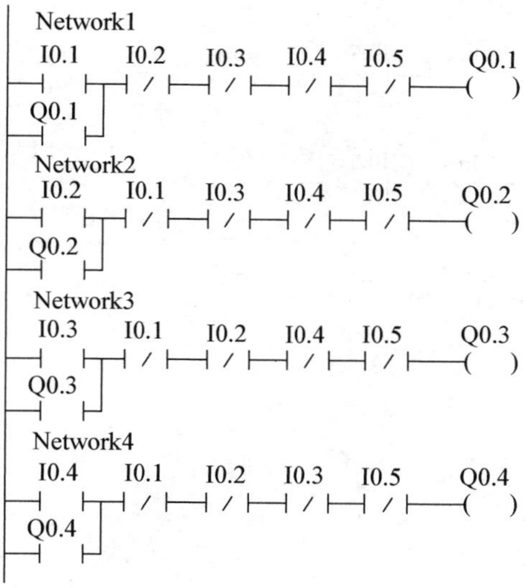

```
Network1
 I0.1   I0.2   I0.3   I0.4   I0.5      Q0.1
 ├─┤ ├─┤/├─┤/├─┤/├─┤/├─────────( )
 ├─┤ ├
 Q0.1

Network2
 I0.2   I0.1   I0.3   I0.4   I0.5      Q0.2
 ├─┤ ├─┤/├─┤/├─┤/├─┤/├─────────( )
 ├─┤ ├
 Q0.2

Network3
 I0.3   I0.1   I0.2   I0.4   I0.5      Q0.3
 ├─┤ ├─┤/├─┤/├─┤/├─┤/├─────────( )
 ├─┤ ├
 Q0.3

Network4
 I0.4   I0.1   I0.2   I0.3   I0.5      Q0.4
 ├─┤ ├─┤/├─┤/├─┤/├─┤/├─────────( )
 ├─┤ ├
 Q0.4
```

```
Network1              Network3
LD    I0.1            LD    I0.3
O     Q0.1            O     Q0.3
AN    I0.2            AN    I0.1
AN    I0.3            AN    I0.2
AN    I0.4            AN    I0.4
AN    I0.5            AN    I0.5
=     Q0.1            =     Q0.3

Network2              Network4
LD    I0.2            LD    I0.4
O     Q0.2            O     Q0.4
AN    I0.1            AN    I0.1
AN    I0.3            AN    I0.2
AN    I0.4            AN    I0.3
AN    I0.5            AN    I0.5
=     Q0.2            =     Q0.4
```

图 2 - 22　抢答器程序

（3）要点说明。

① 由于抢答按钮一般为非自锁按钮，为保持抢答输出结果，就需要输出线圈所带触点并联在输入触点上，实现自锁功能。

② 要实现一组抢答后，其他组不能再抢答的功能，就需要在其他组控制线路中串联本组输入触点或输出线圈的常闭触点，从而形成互锁关系。

控制要求 2：将控制要求 1 中的指示灯指示抢答结果，改为用 7 段数码管显示抢答组号。7 段显示码见表 2 - 19。例如显示组号"1"，输出线圈 Q0.1，Q0.2 使数码管 b、c 段亮。

（1）I/O 分配：I/O 分配表见表 2 - 19。

表 2 - 19　数码管显示四组抢答器 I/O 分配表

输入触点	功能说明	输出线圈	功能说明
I0.1	第一组抢答按钮	Q0.0	数码管 a 段
I0.2	第二组抢答按钮	Q0.1	数码管 b 段
I0.3	第三组抢答按钮	Q0.2	数码管 c 段
I0.4	第四组抢答按钮	Q0.3	数码管 d 段
I0.5	复位按钮	Q0.4	数码管 e 段
		Q0.5	数码管 f 段
		Q0.6	数码管 g 段

（2）程序如图 2 - 23 所示。

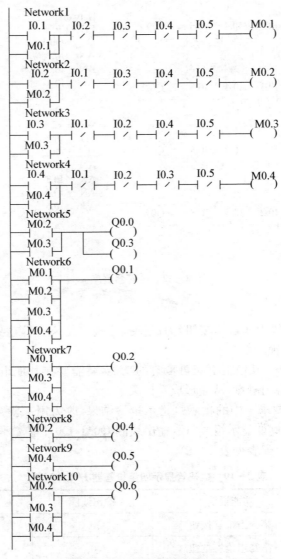

图 2 - 23　抢答器数码管输出

例 2　多地控制

控制要求：在 3 个地方实现对一台电动机的起动与停止控制。

（1）I/O 分配：I/O 分配表见表 2 - 20。

表 2 - 20　多地控制 I/O 分配表

输入触点	功能说明	输出线圈	功能说明
I0.0	A 地点起动按钮	Q0.1	电动机控制输出
I0.1	A 地点停止按钮		

（续表）

输入触点	功能说明	输出线圈	功能说明
I0.2	B 地点起动按钮		
I0.3	B 地点停止按钮		
I0.4	C 地点起动按钮		
I0.5	C 地点停止按钮		

（2）程序如图 2-24 所示。

（3）要点说明。

① 对本例题，首先要考虑一个地点对电动机的起动与停止控制。以 A 地为例做出控制程序，如图 2-25 所示。

② 其次考虑如何使 3 个起动按钮和 3 个停止按钮都起作用。在本例中，若要 3 个起动按钮都起作用，必须将其并联；3 个停止按钮都起作用，必须将其串联。

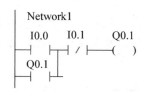

图 2-24 电动机多地控制程序　　图 2-25 在一个地点对电动机的控制

例 3 水箱自动储水控制系统

控制要求：如图 2-26 所示储水箱，由电磁阀控制进水。当水位低于下限位时，电磁阀 Y 打开进水。当水位高于上限位时，电磁阀 Y 关闭。下限位传感器为 S_1，水位低于 S_1 时，S_1 闭合；水位高于 S_1 时，S_1 断开。上限位传感器为 S_2，水位高于 S_2 时，S_2 闭合；水位低于 S_2 时，S_2 断开。

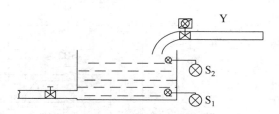

图 2-26 水箱自动储水控制系统示意图

（1）I/O 分配：I/O 分配表见表 2-21。

表 2-21 水箱自动储水控制系统 I/O 分配表

输入触点	功能说明	输出线圈	功能说明
I0.0	下限位传感器 S_1	Q0.0	电磁阀 Y
I0.1	上限位传感器 S_2		

（2）程序如图 2 - 27 所示。

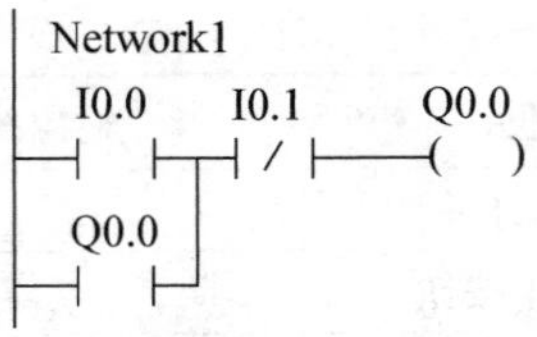

Network1

```
 I0.0      I0.1      Q0.0
──┤├──┬──┤/├──────( )──
         │
 Q0.0    │
──┤├─────┘
```

图 2 - 27　水箱自动储水控制程序

工作任务 2　PLC 对两地控制的电动机 Y - Δ 降压起动控制线路的改造

能力目标

① 学会 I/O 地址分配表的设置；
② 掌握绘制 PLC 硬件接线图的方法并能正确接线；
③ 能用定时器指令编写控制程序。

知识目标

① 掌握定时器指令、计数器指令的用法；
② 掌握 PLC 控制系统的设计方法。

一、工作任务

某企业现采用继电接触控制系统实现电动机两地控制，控制线路如图 2 - 28 所示。请分析该控制线路图的控制功能，并用可编程控制器对其控制线路进行改造。

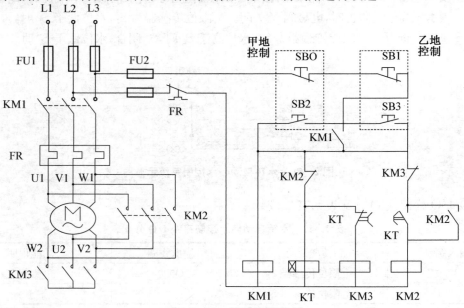

图 2 - 28　控制线路图

二、考核内容

1) 根据电气控制线路图,分析该线路的控制功能;
2) 按控制要求完成 I/O 口地址分配表的编写;
3) 完成 PLC 控制系统硬件接线图的绘制;
4) 完成 PLC 的 I/O 口的连线;
5) 按控制要求绘制梯形图、输入并调试控制程序。

三、评分标准(略)

(评分标准见表 2 - 1)

任务实施

一、I/O 地址分配表(表 2 - 22)

表 2 - 22　I/O 地址分配表

输入			输出		
SB2	I0.0	甲地起动	Q0.0	KM1	电源总开关
SB3	I0.1	乙地起动	Q0.1	KM2	星形起动
SB0	I0.2	甲地停止	Q0.2	KM3	三角形起动
SB1	I0.3	乙地停止			
FR	I0.5	热继电器			

二、PLC 硬件接线图(图 2 - 29)

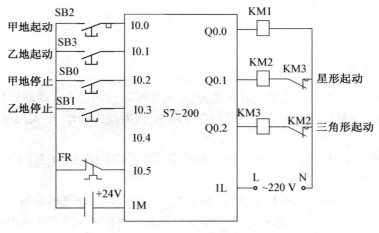

图 2 - 29　PLC 硬件接线图

三、控制程序（图 2 - 30）

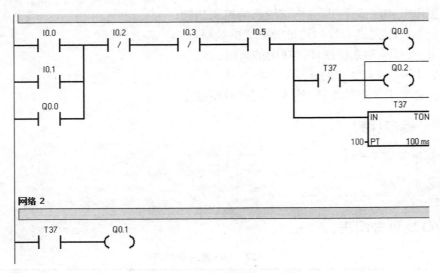

图 2 - 30　控制程序梯形图

四、系统调试

1）完成接线并检查、确认接线正确；

2）输入并运行程序，监控程序运行状态，分析程序运行结果；

3）程序符合控制要求后再接通主电路试车，进行系统调试，直到最大限度地满足系统的控制要求为止。

> **知识链接**

定时器与计数器指令

一、定时器指令

定时器指令在编程中首先要设置预置值，以确定定时时间。在程序的运行过程中，定时器不断累计时间。当累计的时间与设置时间相等时，定时器发生动作，以实现各种定时逻辑控制工作。

S7 - 200 系列 PLC 提供了 3 种类型的定时器：接通延时定时器（TON）、记忆接通延时定时器（TONR）、断开延时定时器（TOF）。

定时器的分辨率（时基）也有 3 种，分别为 1、10、100 ms。分辨率是指定时器中能够区分的最小时间增量，即精度。具体的定时时间 T 由预置值 PT 和分辨率的乘积决定。

例如：设置预置值 PT＝1 000，选用的定时器分辨率为 10 ms。则定时时间为 $T＝10\ \text{ms}\times 1\ 000＝10\ \text{s}$。定时器的分辨率见表 2 - 23，由定时器号决定。

S7 - 200 系列 PLC 共提供定时器 256 个，定时器号的范围为 0～255。接通延时定时器

TON 与断开延时定时器 TOF 分配的是相同的定时器号,这表示该部分定时器号能作为这两种定时器使用。但在实际使用时要注意,同一个定时器号在一个程序中不能既接通延时定时器 TON,又断开延时定时器 TOF。

表 2-23　定时器各类型所对应定时器号及分辨率

定时器类型	分辨率/ms	最大计时范围/s	定时器号
TONR	1	32.767	T0,T64
	10	327.67	T1～T4,T65～T68
	100	3 276.7	T5～T31,T69～T95
TON、TOF	1	32.767	T32,T96
	10	327.67	T33～T36,T97～T100
	100	3 276.7	T37～T63,T101～T255

定时器号由定时器名称和常数表示,即 Tn,例如 T32。定时器号包括定时器的当前值和定时器位两个变量信息。

定时器的当前值用于存储定时器当前所累计的时间,它是一个 16 位的存储器,存储 16 位带符号的整数,最大计数值为 32 767。

对于 TONR 和 TON,当定时器的当前值等于或大于预置值时,该定时器位被置为 1,即所对应的定时器触点闭合;对于 TOF,当输入 IN 接通时,定时器位被置 1,当输入信号由高变低负跳变时启动定时器,达到预定值 PT 时,定时器位断开。

1. 定时器指令的梯形图与指令表格式

定时器指令的梯形图、指令表格式见表 2-24。可用操作数见表 2-25。

表 2-24　定时器的梯形图、指令表格式

名　称	接通延时定时器	记忆接通延时定时器	断开延时定时器
定时器类型	TON	TONR	TOF
指令表	TON Tn,PT	TONR Tn,PT	TOF Tn,PT
梯形图	Tn — IN　TON — PT	Tn — IN　TONR — PT	Tn — IN　TOF — PT

表 2-25　定时器的可用操作数

输入/输出	可用操作数
Tn	常数(0～255)
IN	能流
PT	VW、IW、QW、MW、SW、SMW、LW、AIW、T、C、AC、常数、＊VD、＊AC、＊LD

注:均为 INT(整型)值;常数较为常用。

2. 定时器指令应用举例

1) 接通延时定时器 TON(On. Delay Timer)

接通延时定时器用于单一时间间隔的定时,其应用如图 2－31 所示。

(1) PLC 上电后的第一个扫描周期,定时器位为断开(OFF)状态,当前值为 0。输入端 I0.0 接通后,定时器当前值从 0 开始计时,在当前值达到预置值时定时器位闭合(ON),当前值仍会连续计数到 32 767。

(2) 在输入端断开后,定时器自动复位,定时器位同时断开(OFF),当前值恢复为 0。

(3) 若再次将 I0.0 闭合,则定时器重新开始计时,若未到定时时间 I0.0 已断开,则定时器复位,当前值也恢复为 0。

(4) 在本例中,在 I0.0 闭合 5 s 后,定时器位 T33 闭合,输出线圈 Q0.0 接通。I0.0 断开,定时器复位,Q0.0 断开。I0.0 再次接通时间较短,定时器没有动作。

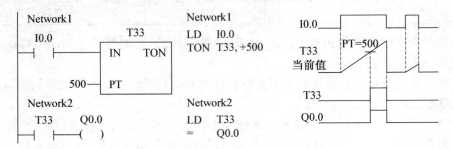

图 2－31　接通延时定时器(TON)的应用

2) 记忆接通延时定时器 TONR(Retentive On. Delay Timer)

记忆接通延时定时器具有记忆功能,可用于累计输入信号的接通时间。其应用如图 2－32 所示。

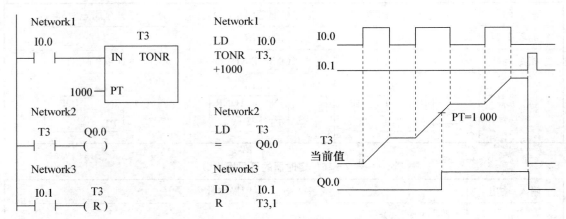

图 2－32　记忆接通延时定时器 TONR 的应用

(1) PLC 上电后的第一个扫描周期,定时器位为断开(OFF)状态,当前值保持掉电之前的值。输入端每次接通时,当前值从上次的保持值继续计时,在当前值达到预置值时定时器位闭合(ON),当前值仍会连续计数到 32 767。

(2) TONR 的定时器位一旦闭合,只能用复位指令 R 进行复位操作,同时清除当前值。

（3）在本例中，如图 2-32 所示的时序图，当前值最初为 0，每一次输入端 I0.0 闭合，当前值开始累计，输入端 I0.0 断开，当前值则保持不变。在输入端闭合时间累计到 10 s 时，定时器位 T3 闭合，输出线圈 Q0.0 接通。当 I0.1 闭合时，由复位指令复位 T3 的位及当前值。

3）断开延时定时器 TOF(Off. Delay Timer)

断开延时定时器用于输入端断开后的单一时间间隔计时。其应用如图 2-33 所示。

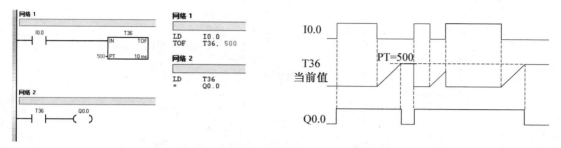

图 2-33　延时定时器(TOF)的应用

（1）PLC 上电后的第一个扫描周期，定时器位为断开（OFF）状态，当前值为 0。输入端闭合时，定时器位为 ON，当前值保持为 0。当输入端由闭合变为断开时，定时器开始计时。在当前值达到预置值时定时器位断开（OFF），同时停止计时。

（2）定时器动作后，若输入端由断开变为闭合时，TOF 定时器位及当前值复位；若输入端再次断开，定时器可以重新启动。

（3）在本例中，PLC 刚刚上电运行时，输入端 I0.0 没有闭合，定时器位 T36 为断开状态；I0.0 由断开变为闭合时，定时器位 T36 闭合，输出端 Q0.0 接通，定时器并不开始计时；I0.0 由闭合变为断开时，定时器当前值开始累计时间，达到 5 s 时，定时器位 T36 断开，输出端 Q0.0 同时断开。

3. 指令说明

（1）定时器精度高时（1 ms），定时范围较小（0～32.767 s）；而定时范围大时（0～3 276.7 s），精度较低（100 ms），所以应用时要恰当地使用不同精度等级的定时器，以便适用于不同的现场要求。

（2）对于断开延时定时器（TOF），必须在输入端有一个负跳变，定时器才能启动计时。

（3）在程序中，既可以访问定时器位，又可以访问定时器的当前值，但都是通过定时器编号 Tn 实现。使用位控制指令则访问定时器位，使用数据处理功能指令则访问当前值。

（4）定时器的复位是其重新启动的先决条件，若希望定时器重复计时动作，一定要设计好定时器的复位动作。由于不同分辨率的定时器在运行时当前值的刷新方式不同，所以在使用方法，尤其是复位方式上也有很大的不同。

① 1 ms 定时器　1 ms 定时器采用中断刷新方式，由系统每隔 1 ms 刷新一次，与扫描周期和程序运行无关。在扫描周期大于 1 ms 时，一个扫描周期中 1 ms 定时器会被刷新多次，所以其当前值在一个扫描周期内会变化。

② 10 ms 定时器　10 ms 定时器由系统在每个扫描周期开始时刷新一次，其当前值在一个扫描周期内不变。

③ 100 ms 定时器　100 ms 定时器是在程序运行过程中，定时器指令被执行时刷新，所以

该定时器不能应用于一个扫描周期被多次运行或不是每个扫描周期都运行的场合,否则会造成定时器定时不准的情况。

正是由于不同精度定时器的刷新方式有区别,所以在定时器复位方式的选择上不能简单地使用定时器本身的常闭触点。如图 2 - 34 所示的程序,同样的程序内容,使用不同精度定时器,有些是正确的,有些是错误的。

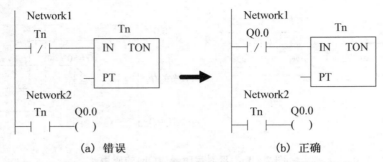

图 2 - 34　使用定时器指令定时生成宽度为一个扫描周期的脉冲

在图 2 - 34 中,若为 1 ms 定时器,则图 2 - 34(a)是错误的。只有在定时器当前值与预置值相等的那次刷新发生在定时器的常闭触点执行后到常开触点执行前的区间时,Q0.0 才能产生宽度为一个扫描周期的脉冲,而这种可能性极小。图 2 - 34(b)是正确的。

若为 10 ms 定时器,图 2 - 34(a)也是错误的。因为该种定时器每次扫描开始时刷新当前值,所以 Q0.0 永远不可能为 ON,因此也不会产生脉冲。若要产生脉冲则要使用图 2 - 34(b)的程序。

若为 100 ms 定时器,则图 2 - 34(a)是正确的。在执行程序中的定时器指令时,当前值才被刷新,若该次刷新使当前值等于预置值,则定时器的常开触点闭合,Q0.0 接通。下一次扫描时,定时器又被常闭触点复位,常开触点断开,Q0.0 断开,由此产生宽度为一个扫描周期的脉冲。而使用图 2 - 34(b)的程序同样是正确的。

二、计数器指令

在工业现场中许多情况下都需要用到计数器,则如对产品数量进行统计,检测时对产品进行定位等,所以计数器指令同样是实现自动化运行和复杂控制过程的重要指令。

定时器对时间的计量是通过对 PLC 内部时钟脉冲的计数实现的。计数器的运行原理和定时器基本相同,只是计数器是对外部或内部由程序产生的计数脉冲进行计数。在运行时,首先为计数器设置预置值 PV,计数器检测输入端信号的正跳变个数,当计数器当前值与预置值相等时,计数器发生动作,完成相应控制任务。

S7 - 200 系列 PLC 提供了 3 种类型的计数器:增计数器(CTU)、增减计数器(CTUD)、减计数器(CTD),总共有 256 个型号 PLC。

计数器编号是由计数器名称和常数(0~255)组成,表示方法为 Cn,如 C99。3 种计数器使用同样的编号,所以在使用中要注意,同一个程序中,每个计数器编号只能出现一次。计数器编号包括 2 个变量信息:计数器的当前值和计数器位。

计数器的当前值用于存储计数器当前所累计的脉冲数。它是一个 16 位的存储器,存储 16 位带符号的整数,最大计数值为 32 767。

对于 CTU、CTUD 来说,当计数器的当前值等于或大于预置值时,该计数器位被置为 1,即所对应的计数器触点闭合;对于 CTD 来说,当计数器当前值减为 0 时,计数器位置为 1。

1. 计数器指令的梯形图与指令表格式

计数器指令的梯形图、指令表格式见表 2-26。各端口可用操作数见表 2-27。

表 2-26 计数器的梯形图、指令表格式

名 称	增计数器	增减计数器	减计数器
计数器类型	CTU	CTUD	CTD
指令表	CTU Cn,PV	CTUD Cn,PV	CTD Cn,PV
梯形图	Cn CU CTU R PV	Cn CU CTUD CD R PV	Cn CU CTD LD PV

表 2-27 计数器的可用操作数

输入/输出	可用操作数
Cn	常数(0～255)
CU、CD、LD、R	能流
PV	VW、IW、QW、MW、SW、SMW、LW、AIW、T、C、AC、常数、* VD、* AC、* LD

2. 计数器指令应用举例

1) 增计数器 CTU(Count Up)

增计数器的当前值只能增加,在计数值达到最大值 32 767 时,计数器停止计数。其应用如图 2-35 所示。

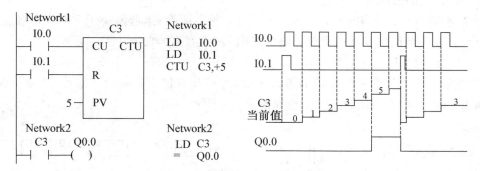

图 2-35 增计数器 CTU 的应用

(1) PLC 上电后的第一个扫描周期,计数器位为断开(OFF)状态,当前值为 0。计数脉冲输入端 CU 每检测到一个正跳变,当前值增加 1。当前值等于预置值时,计数器位为闭合(ON)状态。如果 CU 端仍有计数脉冲输入,则当前值继续累计,直到最大值 32 767 时,停止计数。

(2) 复位输入端 R 有效时(由 OFF 变为 ON),计数器位将被复位为断开(OFF)状态,当前值则复位为 0。也可直接用复位指令 R 对计数器进行复位操作。

（3）在本例中，当 I0.0 第 5 次闭合时，计数器位被置位，输出线圈 Q0.0 接通。当 I0.1 闭合时，计数器位被复位，Q0.0 断开。

2）增减计数器 CTUD(Count Up/Down)

增减计数器有 2 个计数脉冲输入端，其中，CU 用于增计数，CD 用于减计数。其当前值既可增加，又可减小，其应用如图 2-36 所示。

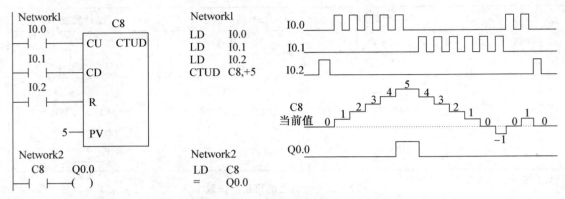

图 2-36　增减计数器 CTUD 的应用

（1）PLC 上电后的第一个扫描周期，计数器位为断开（OFF）状态，当前值为 0。CU 输入端每检测到一个正跳变，则计数器当前值增加 1；CD 输入端每检测到一个正跳变，则计数器当前值减小 1。当前值大于等于预置值时，计数器位为闭合（ON）状态。当前值小于预置值时，计数器位为断开（OFF）状态。只要 2 个计数脉冲输入端有计数脉冲，计数器就会一直计数。在当前值增加到最大值 32 767 后，再来一个增脉冲，当前值变为最小值 32 768。同理，若当前值减小到最小值 32 768 后，再来一个减脉冲，当前值会变为最大值 32 767。

（2）复位输入端 R 有效（由 OFF 变为 ON）或使用复位指令 R 时，计数器位将被复位为断开（OFF）状态，当前值则复位为 0。

（3）在本例中，C8 的当前值大于等于 5 时，C8 触点闭合；当前值小于 5 时，C8 触点断开。I0.2 闭合时，复位当前值及计数器位。输出线圈 Q0.0 在 C8 触点闭合时接通。

3）减计数器 CTD(Count Down)

减计数器的当前值需要在计数前进行赋值，即将预置值 PV 赋给当前值，然后当前值递减，直到为 0 时，计数器位闭合。其应用如图 2-37 所示。

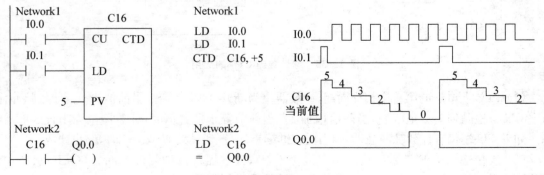

图 2-37　减计数器 CTD 的应用

（1）PLC 上电后的第一个扫描周期，计数器位为断开（OFF）状态，当前值为预置值 PV。计数脉冲输入端 CD 每检测到一个正跳变，当前值减 1。当前值减小到 0 时，并停止计数，计数器位变为闭合（ON）状态。

（2）LD 为装载输入端，当 LD 端有效时，计数器位复位，同时将预置值 PV 重新赋给当前值。

（3）在本例中，当 I0.0 第 5 次闭合时，计数器位被置位，输出线圈 Q0.0 接通。当 I0.1 闭合时，定时器被复位，输出线圈 Q0.0 断开，计数器可以重新工作。

3. 指令说明

（1）在使用指令表编程时，一定要分清楚各输入端的作用，次序一定不能颠倒。

（2）在程序中，既可以访问计数器位，又可以访问计数器的当前值，都是通过计数器编号 Cn 实现。使用位控制指令则访问计数器位，使用数据处理功能指令则访问当前值。

三、定时器与计数器编程举例

例 1 运料车自动装、卸料控制

控制要求：

① 如图 2-38 所示，某运料车可在 A、B 两地分别起动。运料车起动后，自动返回 A 地停止，同时控制料斗门的电磁阀 Y1 打开，开始下料。1 min 后，电磁阀 Y1 断开，关闭料斗门，运料车自动向 B 地运行，到达 B 地后停止，小车底门由电磁阀 Y2 控制打开，开始卸料。1 min 后，运料车底门关闭，开始返回 A 地。之后重复运行。

② 运料车在运行过程中，可用手动开关使其停车。再次起动后，可重复①中内容。

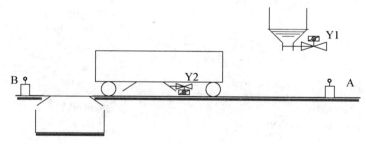

图 2-38 运料车自动装、卸料控制示意图

（1）I/O 分配：I/O 分配见表 2-28。

表 2-28 运料车自动装、卸料控制 I/O 分配表

输入触点	功能说明	输出线圈	功能说明
I0.0	正转起动按钮	Q0.0	正转输出
I0.1	反转起动按钮	Q0.1	反转输出
I0.2	A 点行程开关	Q0.2	电磁阀 Y1
I0.3	B 点行程开关	Q0.3	电磁阀 Y2
I0.4	停止按钮		

（2）控制程序如图 2－39 所示。

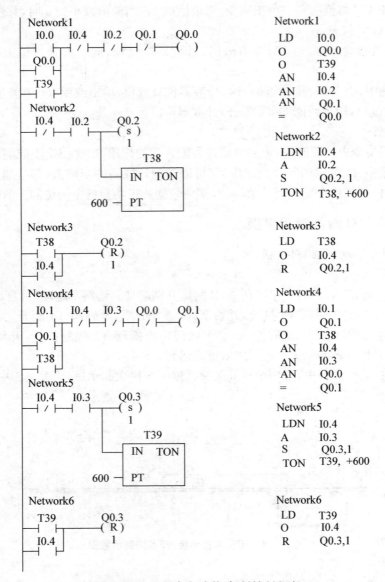

图 2－39　运料车自动装、卸料控制程序

例 2　电动机堵转停车报警程序

控制要求：

为防止电动机堵转时由于热保护继电器失效而损坏，特在电动机转轴上加装一联动装置随转轴一起转动。电动机正常转动时，每转一圈（50 ms）该联动装置使接近开关 K_1 闭合一次，则系统正常运行。若电动机非正常停转超过 100 ms，即接近开关 K_1 不闭合超过 100 ms，则自动停车，同时红灯闪烁报警（2.5 s 亮，1.5 s 灭）。

（1）I/O 分配：I/O 分配见表 2-29。

表 2-29 电动机堵转停车报警控制 I/O 分配表

输入触点	功能说明	输出线圈	功能说明
I0.0	电动机起动按钮	Q0.0	电动机驱动信号输出
I0.1	电动机停止按钮	Q0.1	红灯闪烁信号输出
I0.2	接近开关 K_1		

（2）控制程序如图 2-40 所示。

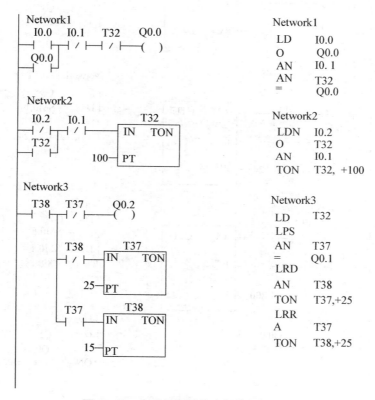

图 2-40 电动机堵转停车报警控制程序

例 3 由定时器和计数器构成的长延时电路

控制要求：

在控制开关闭合后，开始 24 小时 30 分钟的长延时，延时时间到则 Q0.0 输出 30 s 脉冲。

（1）I/O 分配：I/O 分配见表 2-30。

表 2-30 长延时电路 I/O 分配表

输入触点	功能说明	输出线圈	功能说明
I0.0	长延时起动按钮	Q0.0	30 s 脉冲信号输出

（2）控制程序如图 2-41 所示。

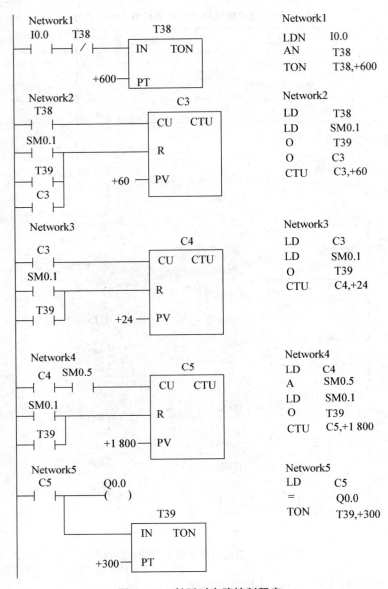

图 2-41　长延时电路控制程序

（3）要点说明。

① 西门子 PLC 中定时器最长定时时间为 3 276.7 s，不到 1 h。若要实现长达数小时或数天的延时，则需利用定时器与计数器共同完成。

② 在程序中，Network1 中为 1 min 定时，Network2 中为 1 h 定时，Network3 中为 24 h 定时。Network4 中使用了特殊状态触点 SM0.5（发出 1 s 脉冲）和计数器 C5 共同构成 30 min 定时器。

例4 展厅人数控制系统

控制要求：

现有一展厅，最多可容纳200人同时参观。展厅进口与出口各装一传感器，每有一人进出，传感器给出一个脉冲信号。试编程实现，当展厅内不足200人时，绿灯亮，表示可以进入；当展厅满200人时，红灯亮，表示不准进入。

（1）I/O分配：I/O分配见表2-31。

表2-31　展厅人数控制系统I/O分配表

输入触点	功能说明	输出线圈	功能说明
I0.0	系统起动按钮	Q0.0	绿灯输出
I0.1	进口传感器 S_1	Q0.1	红灯输出
I0.2	出口传感器 S_2		

（2）控制程序如图2-42所示。

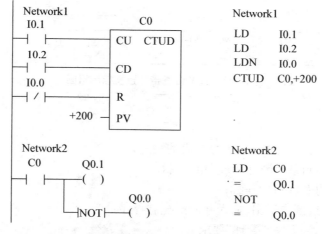

图2-42　展厅人数控制程序

工作任务3　PLC控制四节传送带装置

能力目标

① 学会I/O地址分配表的设置；
② 掌握绘制PLC硬件接线图的方法并能正确接线；
③ 学会编程软件的基本操作；
④ 掌握基本指令的用法。

知识目标

① 了解并掌握常用状态字SM的用法；
② 理解PLC控制系统的设计方法。

一、工作任务

某企业承担了一个四节传送带装置的设计任务,四节传送带装置模拟示意图如图 2－43 所示,系统由传动电动机 M1、M2、M3、M4,完成物料的运送功能。

控制要求:闭合"起动"开关,首先起动最末一条传送带(电动机 M4),每经过 2 s 延时,依次起动一条传送带(电动机 M3、M2、M1);关闭"起动"开关,先停止最前一条传送带(电动机 M1),每经过 2 s 延时,依次停止 M2、M3 及 M4 电动机。请根据控制要求用可编程控制器设计其控制系统并调试。

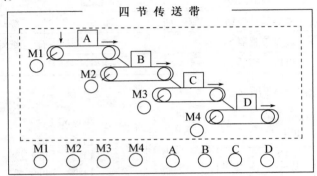

图 2－43　四节传送带装置模拟示意图

二、考核内容

(1) 按控制要求完成 I/O 口地址分配表的编写;

(2) 完成 PLC 控制系统硬件接线图的绘制;

(3) 完成 PLC 的 I/O 口的连线;

(4) 按控制要求绘制梯形图、输入并调试控制程序;

(5) 考核过程中,注意"6S 管理"要求。

三、评分标准(略)

(评分标准见表 2－1)

任务实施

一、I/O 地址分配表(表 2－32)

表 2－32　I/O 地址分配表

输入			输出		
起动	I0.0	SA1	Q0.0	第一台电动机 M1	KM1 控制
			Q0.1	第二台电动机 M2	KM2 控制
			Q0.2	第三台电动机 M3	KM3 控制
			Q0.3	第四台电动机 M4	KM4 控制

二、PLC 硬件接线图(图 2-44)

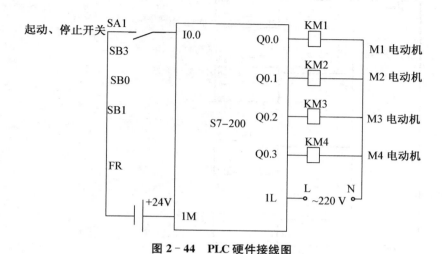

图 2-44 PLC 硬件接线图

三、控制程序(图 2-45)

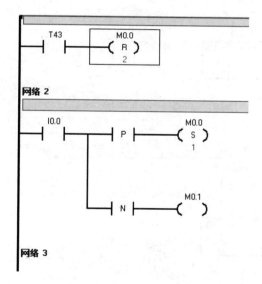

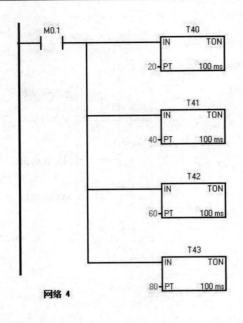

网络 4

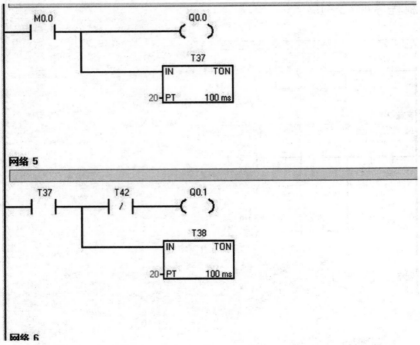

网络 5

网络 6

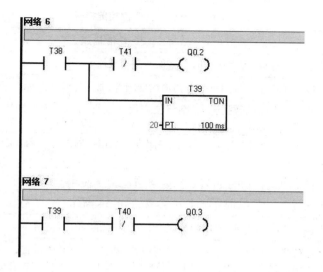

图 2-45　控制程序

四、系统调试

（1）完成接线并检查、确认接线正确；

（2）输入并运行程序，监控程序运行状态，分析程序运行结果；

（3）程序符合控制要求后再接通主电路试车，进行系统调试，直到最大限度地满足系统的控制要求为止。

知识链接

S7-200 PLC 特殊标志继电器(SM)功能简介

S7-200 系列 PLC 中提供了众多的状态字，实际上就是特殊标志位存储器（SM）。这些状态字用于保存 PLC 自身工作状态数据或提供特殊功能，通过对其位、字节、字或双字的使用，可以起到在 CPU 与用户程序之间交换信息的作用。下面介绍各状态字功能，状态字具体功能及用法见 S7-200 系统手册。

1. 常用状态字 SMB0

常用状态字 SMB0 包括 8 个状态位，在每个扫描周期结束时，由 CPU 更新这些位。具体功能描述见表 2-33。

表 2 - 33　SMB0 的各个位功能描述

SMB0 的各个位	功能描述
SM0.0	常闭触点,在程序运行时一直保持闭合状态
SM0.1	该位在程序运行的第一个扫描周期闭合,常用于调用初始化子程序
SM0.2	若永久保持的数据丢失,则该位在程序运行的第一个扫描周期闭合。可用于存储器错误标志位
SM0.3	开机后进入 RUN 方式,该位将闭合一个扫描周期。可用于起动操作前为设备提供预热时间
SM0.4	该位为一个 1 min 时钟脉冲,30 s 闭合,30 s 断开
SM0.5	该位为一个 1 s 时钟脉冲,0.5 s 闭合,0.5 s 断开
SM0.6	该位为扫描时钟,本次扫描闭合,下次扫描断开,不断循环
SM0.7	该位指示 CPU 工作方式开关的位置(断开为 TERM 位置,闭合为 RUN 位置)。利用该位状态。当开关在 RUN 位置时,可使自由口通信方式有效,开关切换至 TERM 位置时,同编程设备的正常通信有效

例如:用 SM0.4、SM0.5 可以分别产生 1 min 和 1 s 的脉冲周期信号。程序如图 2 - 46 所示。

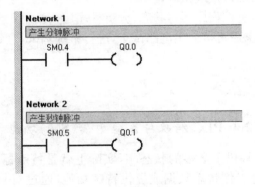

图 2 - 46　控制程序

2. 其他状态字功能

其他状态字功能见表 2 - 34 所示。

表 2 - 34　其他状态字功能表

状态字	功能描述
SMB1	包含了各种潜在的错误提示,可在执行某些指令或执行出错时由系统自动对相应位进行置位或复位
SMB2	在自由接口通信时,自由接口接收字符的缓冲区
SMB3	在自由接口通信时,发现接收到的字符中有奇偶校验错误时,可将 SM3.0 置位
SMB4	标志中断队列是否溢出或通信接口使用状态
SMB5	标志 I/O 系统错误
SMB6	CPU 模块识别(ID)寄存器
SMB7	系统保留

（续表）

状态字	功能描述
SMB8～SMB21	I/O 模块识别和错误寄存器，按字节对形式（相邻 2 个字节）存储扩展模块 0～6 的模块类型、I/O 类型、I/O 点数和测得的各模块 I/O 错误
SMW22～SMW26	记录系统扫描时间
SMB28～SMB29	存储 CPU 模块自带的模拟电位器所对应的数字量
SMB30 和 SMB130	SMB30 为自由接口通信时，自由接口 0 的通信方式控制字节；SMB130 为自由接口通信时，自由接口 1 的通信方式控制字节；两字节可读可写
SMB31～SMB32	永久存储器（EEPROM）写控制
SMB34～SMB35	用于存储定时中断的时间间隔
SMB36～SMB65	高速计数器 HSC0、HSC1、HSC2 的监视及控制寄存器
SMB66～SMB85	高速脉冲输出（PTO/PWM）的监视及控制寄存器
SMB86～SMB94 SMB186～SMB194	自由接口通信时，接口 0 或接口 1 接收信息状态寄存器
SMB98～SMB99	标志扩展模块总线错误号
SMB131～SMB165	高速计数器 HSC3、HSC4、HSC5 的监视及控制寄存器
SMB166～SMB194	高速脉冲输出（PTO）包络定义表
SMB200～SMB299	预留给智能扩展模块，保存其状态信息

工作任务 4　PLC 控制的运料小车

能力目标

① 学会 I/O 地址分配表的设置；
② 掌握绘制 PLC 硬件接线图的方法并能正确接线；
③ 学会编程软件的基本操作；
④ 掌握基本指令的用法。

知识目标

① 进一步掌握基本指令用法；
② 理解 PLC 控制系统的设计方法。

一、工作任务

某企业承担了一个运料小车控制系统设计任务，小车送料示意图如图 2-47 所示。

控制要求：循环过程开始时，小车处于最左端，此时，装料电磁阀 1YA 得电，延时 20 s；装料结束，接触器 KM3、KM5 得电，向右快行；碰到限位开关 SQ2 后，KM5 失电，小车慢行；碰到限位开关 SQ4 时,KM3 失电,小车停,电磁阀 2YA 得电,卸料开始,延时 15 s;卸料结束后,KM4、KM5 得电,小车向左快行;碰到限位开关 SQ1,KM5 失电,小车慢行;碰到限位开关 SQ3,KM4 失电,小车停,装料开始。如此周而复始。请用可编程控制器设计其控制系统并调试。

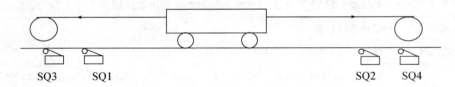

图 2-47　小车送料示意图

二、考核内容

（1）按控制要求完成 I/O 口地址分配表的编写；

（2）完成 PLC 控制系统硬件接线图的绘制；

（3）完成 PLC 的 I/O 口的连线；

（4）按控制要求绘制梯形图、输入并调试控制程序；

（5）考核过程中,注意"6S 管理"要求。

三、评分标准（略）

（评分标准见表 2-1）

任务实施

一、I/O 地址分配表（表 2-35）

表 2-35　I/O 地址分配表

输入		输出		
起动	I0.0	电磁阀 1YA	Q0.0	装料
限位开关 SQ1	I0.1	电磁阀 2YA	Q0.1	卸料
限位开关 SQ2	I0.2	KM3	Q0.2	电动机正转
限位开关 SQ3	I0.3	KM4	Q0.3	电动机反转
限位开关 SQ4	I0.4	KM5	Q0.4	高速运行

二、PLC 硬件接线图（图2－48）

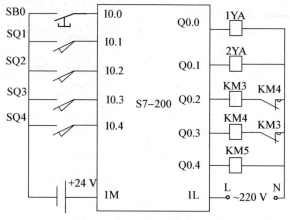

图2－48　PLC硬件接线图

三、控制程序（图2－49）

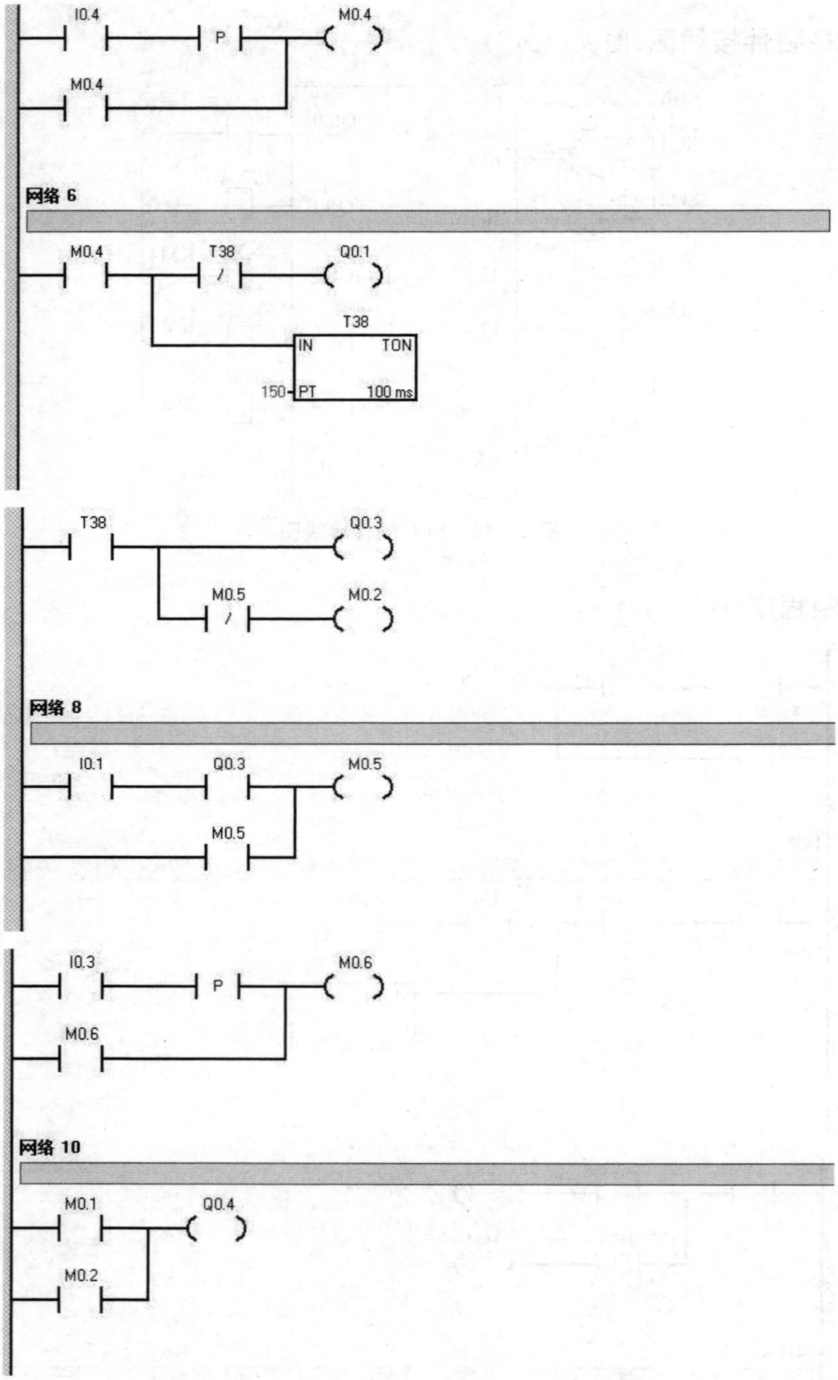

I0.4 ─┤ ├─ P ──────(M0.4)

M0.4 ─┤ ├─

网络 6

M0.4 ─┤ ├─── T38 ─┤/├─────(Q0.1)

T38
IN   TON
150─PT   100 ms

T38 ─┤ ├─────────(Q0.3)

M0.5 ─┤/├──(M0.2)

网络 8

I0.1 ─┤ ├─── Q0.3 ─┤ ├──────(M0.5)

M0.5 ─┤ ├─

I0.3 ─┤ ├─ P ──────(M0.6)

M0.6 ─┤ ├─

网络 10

M0.1 ─┤ ├─────(Q0.4)

M0.2 ─┤ ├─

图 2 - 49　控制程序

四、系统调试

（1）完成接线并检查、确认接线正确；

（2）输入并运行程序，监控程序运行状态，分析程序运行结果；

（3）程序符合控制要求后再接通主电路试车，进行系统调试，直到最大限度地满足系统的控制要求为止。

工作任务5　PLC 对电动机定子绕组串电阻降压起动控制线路的改造

能力目标

① 学会 I/O 地址分配表的设置；
② 掌握绘制 PLC 硬件接线图的方法并能正确接线；
③ 学会编程软件的基本操作；
④ 掌握基本指令的用法。

知识目标

① 掌握基本指令用法；
② 理解 PLC 控制系统的设计方法。

一、工作任务

某企业现采用继电接触控制系统实现对一台大功率电动机的电动机定子绕组串电阻降压自动起动控制线路，串电阻降压自动起动控制线路如图 2－50 所示。请分析该控制线路图的控制功能，并用可编程控制器对其控制线路进行改造。

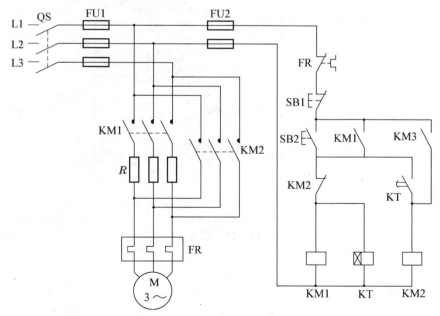

图 2－50　电动机定子绕组串电阻降压自动起动控制线路

二、考核内容

(1) 根据电气控制线路图,分析该线路的控制功能;

(2) 按控制要求完成 I/O 口地址分配表的编写;

(3) 完成 PLC 控制系统硬件接线图的绘制;

(4) 完成 PLC 的 I/O 口的连线;

(5) 按控制要求绘制梯形图、输入并调试控制程序;

(6) 考核过程中,注意"6S 管理"要求。

三、评分标准(略)

(评分标准见表 2－1)

任务实施

一、I/O 地址分配表(表 2－36)

表 2－36　I/O 地址分配表

输入			输出		
SB2	I0.0	起动	KM1	Q0.0	串电阻起动
SB1	I0.1	停止	KM2	Q0.1	全压起动

二、PLC 硬件接线图(图 2－51)

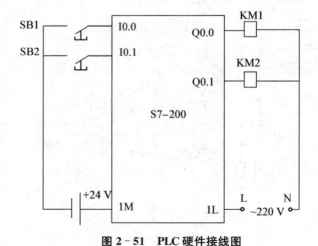

图 2－51　PLC 硬件接线图

三、控制程序（图 2-52）

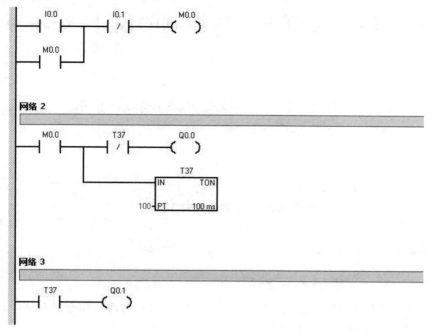

图 2-52　控制程序

四、系统调试

（1）完成接线并检查、确认接线正确；

（2）输入并运行程序，监控程序运行状态，分析程序运行结果；

（3）程序符合控制要求后再接通主电路试车，进行系统调试，直到最大限度地满足系统的控制要求为止。

思考与练习

2-1　使用置位、复位指令，编写对两台电动机的控制程序，两台电动机控制程序要求如下：

① 起动时，电动机 M1 先起动，才能起动电动机 M2；停止时，电动机 M1、M2 同时停止。

② 起动时，电动机 M1、M2 同时起动；停止时，只有在电动机 M2 停止时，电动机 M1 才能停止。

按照考核要求给出 I/O 地址分配，PLC 接线图，控制程序及调试。

2-2　编写出实现红、黄、绿 3 种颜色信号灯循环显示程序（要求循环时间间隔为 1 s）；按照考核要求给出 I/O 分配，接线图，控制程序及调试。

2-3　用一个开关 K 实现对灯 L_1 的控制。要求开关 K 往上动作，灯 L_1 亮；开关 K 往下动作，灯 L_1 灭。按照考核要求给出 I/O 地址分配，PLC 接线图，控制程序及调试。

2-4　有 3 台交流异步电动机 M1，M2，M3 顺序启动，按下按钮 SB1，第一台 M1 直接起动运行，5 s 后第二台电动机 M2 直接起动运行，第二台电动机 M2 运行 5 s 后第三台电动机 M3 直接起动运行，完成工作任务后，按停止按钮 SB2，3 台电动机一起停止。按照考核要求给出 I/O 地址分配，PLC 接线图，控制程序及调试。

模块三 PLC 对灯光系统控制的设计、安装与调试

工作任务 1 PLC 控制音乐喷泉

① 学会 I/O 地址分配表的设置;
② 掌握绘制 PLC 硬件接线图的方法并能正确接线;
③ 学会编程软件的基本操作;
④ 掌握基本指令的用法。

① 掌握传送指令、编码和译码指令、移位和循环移位指令、比较指令的用法;
② 理解 PLC 控制系统的设计方法。

一、工作任务

某企业承担了一个 LED 音乐喷泉的控制系统设计任务,音乐喷泉示意图如图 3-1 所示,要求喷泉的 LED 灯按照 1,2→3,4→5,6→7,8→1,2,3,4→5,6,7,8 的顺序循环点亮,每个状态停留 0.5 s。请用可编程控制器设计其控制系统并调试。

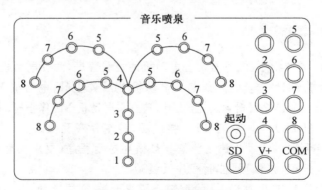

图 3-1 音乐喷泉示意图

二、考核内容

1) 根据图 3-1 所示原理图,分析该线路的控制功能;
2) 按控制要求完成 I/O 口地址分配表的编写;

3) 完成 PLC 控制系统硬件接线图的绘制；

4) 完成 PLC 的 I/O 口的连线；

5) 按控制要求绘制梯形图、输入并调试控制程序；

6) 考核过程中，注意"6S 管理"要求。

三、评分表（评分标准见表 3-1）

表 3-1　评分标准

评价内容	序号	主要内容	考核要求	评分细则	配分	扣分	得分
职业素养与操作规范（50分）	1	工作前准备	清点工具、仪表等。	未清点工具、仪表等每项扣1分。	5		
	2	安装与接线	按 PLC 控制 I/O 接线图在模拟配线板正确安装，操作规范	① 未关闭电源开关，用手触摸电器线路或带电进行线路连接或改接，本项记0分。 ② 线路布置不整齐、不合理，每处扣2分。 ③ 损坏元件扣5分。 ④ 接线不规范造成导线损坏，每根扣5分。 ⑤ 不按 I/O 接线图接线，每处扣2分。	15		
	3	程序输入与调试	熟练操作编程软件，将所编写的程序输入PLC；按照被控设备的动作要求进行模拟调试，达到控制要求	① 不会熟练操作软件输入程序，扣10分。 ② 不会进行程序删除、插入、修改等操作，每项扣2分。 ③ 不会联机下载调试程序扣10分。 ④ 调试时造成元件损坏或者熔断器熔断每次扣10分。	20		
	4	清洁	工具摆放整洁；工作台面清洁	乱摆放工具、仪表，乱丢杂物，完成任务后不清理工位扣5分。	5		
	5	安全生产	安全着装；按维修电工操作规程进行操作	① 没有安全着装，扣5分。 ② 出现人员受伤设备损坏事故，考试成绩为0分。	5		
作品（50分）	6	功能分析	能正确分析控制线路功能	能正确分析控制线路功能，功能分析不正确，每处扣2分。	10		
	7	I/O 分配表	正确完成 I/O 地址分配表	输入输出地址遗漏，每处扣2分。	5		
	8	硬件接线图	绘制 I/O 接线图	① 接线图绘制错误，每处扣2分。 ② 接线图绘制不规范，每处扣1分。	5		
	9	梯形图	梯形图正确、规范	① 梯形图功能不正确，每处扣3分。 ② 梯形图画法不规范，每处扣1分。	15		

(续表)

评价内容	序号	主要内容	考核要求	评分细则	配分	扣分	得分
	10	功能实现	根据控制要求，准确完成系统的安装调试	不能达到控制要求，每处扣 5 分。	15		
	评分人：			核分人：	总分		

任务实施

一、I/O 地址分配表（表 3－2）

表 3－2 I/O 地址分配表

输入			输出		
起动 SD	I0.0		彩灯一	Q0.0	
			彩灯二	Q0.1	
			彩灯三	Q0.2	
			彩灯四	Q0.3	
			彩灯五	Q0.4	
			彩灯六	Q0.5	
			彩灯七	Q0.6	
			彩灯八	Q0.7	

二、PLC 硬件接线图（图 3－2）

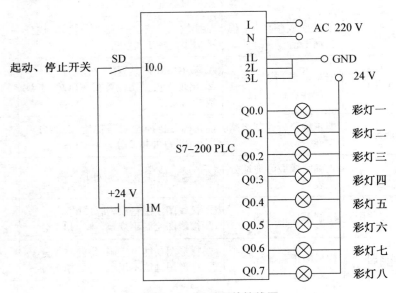

图 3－2 PLC 硬件接线图

三、控制程序(图3-3)

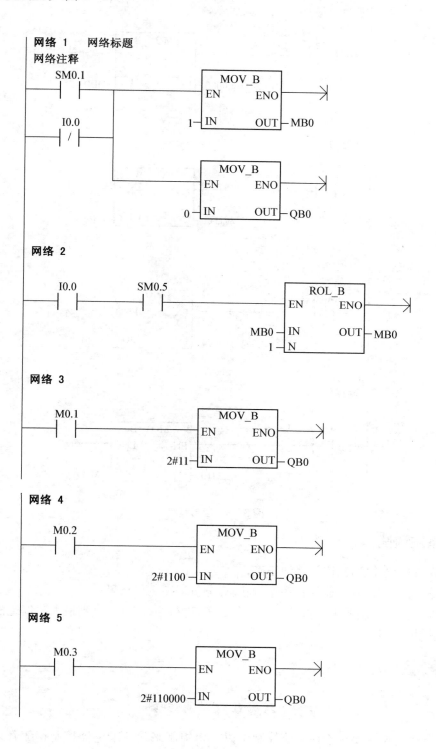

网络 1   网络标题
网络注释

网络 2

网络 3

网络 4

网络 5

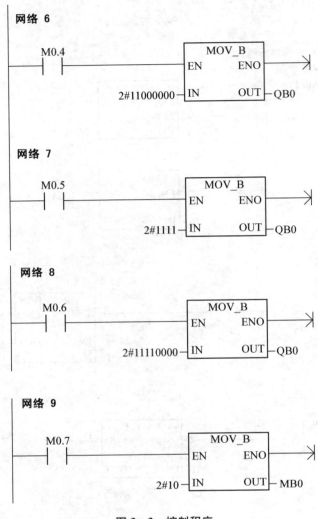

图 3-3 控制程序

四、系统调试

(1) 完成接线并检查、确认接线正确；

(2) 输入并运行程序，监控程序运行状态，分析程序运行结果；

(3) 程序符合控制要求后再接通主电路试车，进行系统调试，直到最大限度地满足系统的控制要求为止。

知识链接

数据处理功能指令

PLC 产生初期主要用于在工业控制中以逻辑控制来代替继电器控制。随着计算机技术与 PLC 技术的不断发展与融合，PLC 增加了数据处理功能，使其在工业应用中功能更强，应用范围更广,成为新型的计算机控制系统。数据处理功能主要包括装入和传送功能、转换功能、比较功能、移位功能和运算功能等。由于数据处理指令涉及的数据量较多且复杂于逻辑控制指令,所以在学习数据处理指令前,首先以字节传送指令 MOVB 为例,介绍数据处理指令的格式和注意事项。

一、数据处理指令

1) 指令格式

数据处理指令的梯形图格式主要以指令盒的形式表示,如图 3 - 4 所示。指令盒顶部为该指令的标题,如图中所示 MOV_B。标题一般由两部分组成,前部分为指令的助记符,多为英文单词的缩写,本例中 MOV 表示数据内容的传送;后部分为参与运算的数据类型,B 表示字节,常见的数据类型还有 W(字)、DW(双字)、R(实数)、I(整数)、DI(双整数)等。

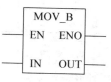

图 3 - 4　梯形图格式

数据处理指令的指令表格式也分为 2 部分,如字节传送指令的指令表格式为:MOVB IN,OUT。前一部分是表示指令功能的助记符,部分指令的助记符与指令盒中的标题相同,也有的不同,需要区分;后一部分为操作数,可以是数据地址或常数。

2) 操作数的类型及长度

指令盒及语句表中用“IN”和“OUT”表示的就是操作数。“IN”表示源操作数,指令以其为数据来源,指令执行不改变源操作数的内容。“OUT”为目的操作数,指令执行后将把目的操作数作为运算结果的存储目的。有些指令中还有辅助操作数,常用于对源操作数和目的操作数做补充说明。

操作数的类型和长度需要和指令相匹配,比如字节指令不能使用 W(字)、DW(双字)型的操作数。特别注意的是,不能使各指令的操作数单元互相重叠,否则会发生数据错误。

3) 指令的执行条件和运行情况

指令盒中“EN”表示的输入为指令执行条件,只要有“能流”进入 EN 端,则指令执行。在梯形图中,EN 端常连接各类触点的组合,只要这些触点的动作使“能流”到达 EN 端,指令就会执行。需要注意的是:只要指令执行条件存在,该指令会在每个扫描周期执行一次,称为连续执行。但大多数情况下,只需要指令执行一次,即执行条件只在一个扫描周期内有效,这时需要用一个扫描周期的脉冲作为其执行条件,称为脉冲执行。一个扫描周期的脉冲可以使用正负跳变指令或定时器指令实现。

4) ENO 状态

某些指令的指令盒右侧设有“ENO”使能输出,若 EN 端有“能流”且指令被正常执行,则 ENO 端会将“能流”输出,传送到下一个程序单元。如果指令运行出错,ENO 端状态为 0。

5) 指令执行对特殊标志位的影响

为方便用户更好地了解 PLC 内部的运行情况,为控制和故障诊断提供方便,PLC 中设置了很多特殊标志位,如溢出位等。

二、传送指令

传送指令可将单个数据或多个连续数据从源区传送到目的区,主要用于 PLC 内部数据的流转。传送指令根据数据类型的不同又可分为字节、字、双字及实数传送指令。

1. MOVB、MOVW、MOVD 和 MOVR 指令

1）指令格式及其操作数。

指令的梯形图和指令表格式见表 3 - 3。操作数见表 3 - 4。

表 3 - 3　MOVB、MOVW、MOVD 和 MOVR 指令的基本格式

名称	字节传送	字传送	双字传送	实数传送
指令	MOVB	MOVW	MOVD	MOVR
指令表格式	MOVB IN,OUT	MOVW IN,OUT	MOVD IN,OUT	MOVR IN,OUT
梯形图格式	MOV_B EN　ENO IN　OUT	MOV_W EN　ENO IN　OUT	MOV_DW EN　ENO IN　OUT	MOV_R EN　ENO IN　OUT

表 3 - 4　MOVB、MOVW、MOVD 和 MOVR 指令可用操作数

指令	IN/OUT	操作数	数据类型
MOVB	IN	VB,IB,QB,MB,SB,SMB,LB,AC,常数,＊VD,＊AC,＊LD	BYTE
	OUT	VB,IB,QB,MB,SB,SMB,LB,AC,＊VD,＊AC,＊LD	BYTE
MOVW	IN	VW,IW,QW,MW,SW,SMW,LW,T,C,AIW,常数,AC,＊VD,＊AC,＊LD	WORD,INT
	OUT	VW,IW,QW,MW,SW,SMW,LW,AQW,AC,＊VD,＊AC,＊LD	WORD,INT
MOVD	IN	VD,ID,QD,MD,SD,SMD,LD,HC,&VB,&IB,&QB,&MB,&SB,&T,&C,AC,常数,＊VD,＊AC,＊LD	DWORD,DINT
	OUT	VD,ID,QD,MD,SD,SMD,LD,AC,＊VD,＊AC,＊LD	DWORD,DINT
MOVR	IN	VD,ID,QD,MD,SD,SMD,LD,AC,常数,＊VD,＊AC,＊LD	REAL
	OUT	VD,ID,QD,MD,SD,SMD,LD,AC,＊VD,＊AC,＊LD	REAL

2）指令功能

（1）MOVB　EN 端口执行条件存在时,把 IN 所指的字节原值传送到 OUT 所指字节存储单元。

（2）MOVW　EN 端口执行条件存在时,把 IN 所指的字原值传送到 OUT 所指字存储单元。

（3）MOVD　EN 端口执行条件存在时,把 IN 所指的双字原值传送到 OUT 所指双字存储单元。

（4）MOVR　EN 端口执行条件存在时,把 IN 所指的 32 位实数原值传送到 OUT 所指双字长的存储单元。

2. 指令应用

举例1：

以双字传输指令为例说明传送指令的用法，如图3-5所示。

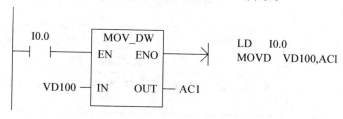

图3-5 传送指令用法举例

　　① 当I0.0闭合时，将VD100（包括4个字节：VB100～VB103）中的数据，传送到AC1中。

　　② 在I0.0闭合期间，MOVD指令每个扫描周期运行一次。若希望其只在I0.0闭合时运行一个扫描周期，需要在I0.0后串联一个正跳变指令。

举例2：

　　某工厂生产的2种型号工件所需加热的时间分别为40、60 s。使用2个开关来控制定时器的设定值，每一开关对应于一设定值；用起动按钮和接触器控制加热炉的通断。梯形图如图3-6所示。

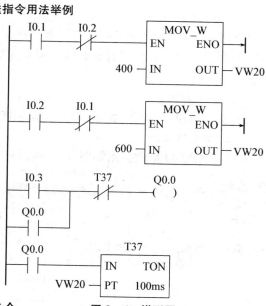

图3-6 梯形图

三、编码和译码指令：ENCO、DECO指令

1. 指令格式及其操作数

　　指令的梯形图和指令表格式见表3-5，操作数见表3-6。

表3-5 ENCO、DECO指令的基本格式

名　　　称	编　　码	译　　码
指令	ENCO	DECO
指令表格式	ENCO IN,OUT	DECO IN,OUT
梯形图格式	ENCO EN ENO IN OUT	ENCO EN ENO IN OUT

表 3-6 ENCO、DECO 指令的操作数

指　令	输入/输出	操作数	数据类型
ENCO	IN	VW,IW,QW,MW,SMW,LW,SW,AIW,T,C,常数, * VD, * AC, * LD	WORD
	OUT	VB,IB,QB,MB,SMB,LB,SB,AC, * VD, * AC, * LD	BYTE
DECO	IN	VB,IB,QB,MB,SMB,LB,SB,AC,常数, * VD, * AC, * LD	BYTE
	OUT	VW,IW,QW,MW,SMW,LW,SW,AQW,T,C,AC, * VD, * AC, * LD	WORD

2. 指令功能

ENCO 编码指令，EN 端口执行条件存在时，将 IN 端口指定的字数据中最低有效位（由低位到高位第一个值为 1 的位）的位号编码为 4 位二进制数，输出到 OUT 端口指定的字节单元的低 4 位。

DECO 译码指令，EN 端口执行条件存在时，将 IN 端口指定的字节中低 4 位的二进制值（0~15）所对应位号，设置为 OUT 端口指定的字存储单元的相应位。

3. 指令应用举例

ENCO、DECO 指令应用如图 3-7 所示。

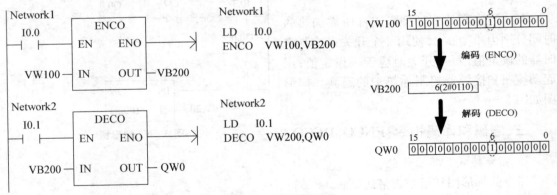

图 3-7 编码与译码

① 假设 VW100 中包含错误位，错误位为第 6 位，在 I0.0 闭合时，编码指令 ENCO 将错误位转换为错误码（2♯0110）存放在 VB200 的低 4 位中。

② 当 I0.1 闭合时，译码指令利用 VB200 中的错误码置输出映像寄存器的第 6 位为 1。

四、移位和循环移位(SHRB)指令

数据移位指令是对数值的每一位进行左移或右移，从而实现数值变换。移位和循环移位指令均为无符号数操作。

1. SHRB 指令格式及操作数

指令的梯形图和指令表格式见表 3-7。操作数见表 3-8。

表 3-7　指令的梯形图和指令表格式

名　称	位移位寄存器
指令	SHRB
指令表格式	SHRB DATA,S_BIT,N
梯形图格式	SHRB — EN　ENO — — DATA — S_BIT — N

表 3-8　SHRB 指令的操作数

指　令	输入/输出	操作数	数据类型
SHRB	DATA/S_BIT	I,Q,M,SM,T,C,V,S,L	bit/BYTE
	N	VB,IB,QB,MB,SMB,LB,SB,AC,常数,＊VD,＊AC,＊LD	INT

2. 指令功能

SHRB　位移位寄存指令,S_BIT 和 N 共同确定要移位的寄存器,S_BIT 指定该寄存器的最低位,N 指定移位寄存器的长度,其最大长度为 64;N 值可正可负,用于决定移位的方向(正向移位＝N,反向移位＝−N);DATA 端指定移入位的状态(0 或 1),它的输入应为位操作数。当 EN 端口执行条件存在时,每一个扫描周期 SHRB 指令使指定寄存器的内容移动一位,把DATA 端指定移入位的状态移入寄存器,最高位则移出到溢出位 SM1.1 中。

3. 指令应用举例

位移位寄存指令提供了一种排列和控制产品流或数据流的简单方法,非常实用。指令应用如图 3-8 所示。

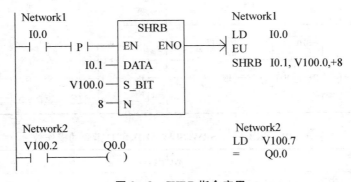

图 3-8　SHRB 指令应用

(1) 因为该指令在 EN 端口执行条件存在时,每一个扫描周期 SHRB 指令使指定寄存器的内容移动一位,所以在控制时需要增加一个正跳变指令,使其在 I0.0 每次闭合时只运行一个扫描周期,实现由外部输入控制移位的效果。

(2) 数据输入端为 I0.1,移位时若 I0.1 为 1,则移入 1;若 I0.1 为 0,则移入 0。

(3) S_BIT 和 N 共同确定的移位寄存器是 VB100,最低位为 V100.0,最高位为 V100.7,共 8 位。

五、SRB、SLB、SRW、SLW、SRD 和 SLD 指令

1. 指令格式及操作数

指令的梯形图和指令表格式见表 3 - 9。操作数见表 3 - 10。

2. 指令功能

SRB 字节右移位指令。当 EN 端口执行条件存在时,将 IN 端口指定的字节数据右移 N 位后,输出到 OUT 端口指定的字节单元。

SLB 字节左移位指令。当 EN 端口执行条件存在时,将 IN 端口指定的字节数据左移 N 位后,输出到 OUT 端口指定的字节单元。

SRW 字右移位指令。当 EN 端口执行条件存在时,将 IN 端口指定的字数据右移 N 位后,输出到 OUT 端口指定的字单元。

SLW 字左移位指令。当 EN 端口执行条件存在时,将 IN 端口指定的字数据左移 N 位后,输出到 OUT 端口指定的字单元。

SRD 双字右移位指令。当 EN 端口执行条件存在时,将 IN 端口指定的双字数据右移 N 位后,输出到 OUT 端口指定的双字单元。

SLD 双字左移位指令。当 EN 端口执行条件存在时,将 IN 端口指定的双字数据左移 N 位后,输出到 OUT 端口指定的双字单元。

表 3 - 9　SRB、SLB、SRW、SLW、SRD、SLD 指令的基本格式

名称	字节右移位	字节左移位	字右移位	字左移位	双字右移位	双字左移位
指令	SRB	SLB	SRW	SLW	SRD	SLD
指令表格式	SRB OUT,N	SLB OUT,N	SRW OUT,N	SLW OUT,N	SRD OUT,N	SLD OUT,N
梯形图格式	SHR_B EN　ENO IN　OUT N	SHL_B EN　ENO IN　OUT N	SHR_W EN　ENO IN　OUT N	SHL_W EN　ENO IN　OUT N	SHL_DW EN　ENO IN　OUT N	SHR_DW EN　ENO IN　OUT N

表 3 - 10　SRB、SLB、SRW、SLW、SRD、SLD 指令的操作数

指令	输入/输出	操作数	数据类型
SRB SLB	IN	VB,IB,QB,MB,SMB,LB,SB,AC,常数,＊VD,＊AC,＊LD	BYTE
	OUT	VB,IB,QB,MB,SMB,LB,SB,AC,＊VD,＊AC,＊LD	BYTE
	N	VB,IB,QB,MB,SMB,LB,SB,AC,常数,＊VD,＊AC,＊LD	BYTE

（续表）

指令	输入/输出	操作数	数据类型
SRW	IN	VW、IW、QW、MW、SW、SMW、LW、AIW、T、C、AC、常数，＊VD、＊AC、＊LD	WORD
	OUT	VW、IW、QW、MW、SW、SMW、LW、T、C、AC、＊VD、＊AC、＊LD	WORD
	N	VB、IB、QB、MB、SMB、LB、SB、AC、常数，＊VD、＊AC、＊LD	BYTE
SLW	IN	VD、ID、QD、MD、SD、SMD、LD、AC、HC、常数，＊VD、＊AC、＊LD	DWORD
	OUT	VD、ID、QD、MD、SD、SMD、LD、AC、＊VD、＊AC、＊LD	DWORD
	N	VB、IB、QB、MB、SMB、LB、SB、AC、常数，＊VD、＊AC、＊LD	BYTE

3. 指令说明

（1）以上 6 条指令均为无符号操作。

（2）移位指令会对移出位自动补 0。对字节移位指令如果所需移位次数 N 大于或等于 8，则实际最大可移位数为 8；对字移位指令如果所需移位次数 N 大于或等于 16，则实际最大可移位数为 16；对双字移位指令如果所需移位次数 N 大于或等于 32，则实际最大可移位数为 32。

（3）如果所需移位数大于 0，则溢出位 SM1.1 中为最后一个移出的位值。

（4）如果移位操作的结果是 0，则零存储器位 SM1.0 就置位为 1。

六、RRB、RLB、RRW、RLW、RRD 和 RLD 指令

1. 指令格式及操作数

指令的梯形图和指令表格式见表 3-11。操作数见表 3-12。

表 3-11　RRB、RLB、RRW、RLW、RRD、RLD 指令的基本格式

名称	字节循环右移位	字节循环左移位	字循环右移位	字循环左移位	双字循环右移位	双字循环左移位
指令	RRB	RLB	RRW	RLW	RRD	RLD
指令表格式	RRB OUT，N	RLB OUT，N	RRW OUT，N	RLW OUT，N	RRD OUT，N	RLD OUT，N
梯形图格式	ROR_B EN ENO IN OUT N	ROL_B EN ENO IN OUT N	ROR_W EN ENO IN OUT N	ROL_W EN ENO IN OUT N	ROR_DW EN ENO IN OUT N	ROL_DW EN ENO IN OUT N

表 3 - 12　RRB、RLB、RRW、RLW、RRD、RLD 指令的操作数

指令	输入/输出	操作数	数据类型
SRB SLB	IN	VB,IB,QB,MB,SMB,LB,SB,AC,常数,＊VD,＊AC,＊LD	BYTE
	OUT	VB,IB,QB,MB,SMB,LB,SB,AC,＊VD,＊AC,＊LD	BYTE
	N	VB,IB,QB,MB,SMB,LB,SB,AC,常数,＊VD,＊AC,＊LD	BYTE
RRW RLW	IN	VW,IW,QW,MW,SW,SMW,LW,AIW,T,C,AC,常数,＊VD,＊AC,＊LD	WORD
	OUT	VW,IW,QW,MW,SW,SMW,LW,T,C,AC,＊VD,＊AC,＊LD	WORD
	N	VB,IB,QB,MB,SMB,LB,SB,AC,常数,＊VD,＊AC,＊LD	BYTE
RRD RLD	IN	VD,ID,QD,MD,SD,SMD,LD,AC,HC,常数,＊VD,＊AC,＊LD	DWORD
	OUT	VD,ID,QD,MD,SD,SMD,LD,AC,＊VD,＊AC,＊LD	DWORD
	N	VB,IB,QB,MB,SMB,LB,SB,AC,常数,＊VD,＊AC,＊LD	BYTE

2. 指令功能

循环移位指令将循环数据存储单元的移出端与另一端相连,所以最后被移出的位被移动到了另一端。同时移出端又与溢出位 SM1.1 相连,所以移出位也进入了 SM1.1,溢出位 SM1.1 中始终存放最后一次被移出的位值。

RRB　字节循环右移位指令,当 EN 端口执行条件存在时,将 IN 端口指定的字节数据循环右移 N 位后,输出到 OUT 端口指定的字节单元。

RLB　字节循环左移位指令,当 EN 端口执行条件存在时,将 IN 端口指定的字节数据循环左移 N 位后,输出到 OUT 端口指定的字节单元。

RRW　字右循环移位指令,当 EN 端口执行条件存在时,将 IN 端口指定的字数据循环右移 N 位后,输出到 OUT 端口指定的字单元。

RLW　字左循环移位指令,当 EN 端口执行条件存在时,将 IN 端口指定的字数据循环左移 N 位后,输出到 OUT 端口指定的字单元。

RRD　双字循环右移位指令,当 EN 端口执行条件存在时,将 IN 端口指定的双字数据循环右移 N 位后,输出到 OUT 端口指定的双字单元。

RLD　双字循环左移位指令,当 EN 端口执行条件存在时,将 IN 端口指定的双字数据循环左移 N 位后,输出到 OUT 端口指定的双字单元。

3. 指令说明

(1) 以上 6 条指令均为无符号操作。

(2) 对字节循环移位指令如果设置移位次数 N 大于或等于 8,在循环移位前先对 N 取以 8 为底的模,其结果 0～7 为实际移动位数;对字循环移位指令如果设置移位次数 N 大于或等于 16,在循环移位前先对 N 取以 16 为底的模,其结果 0～15 为实际移动位数;对双字循环移位指令如果设置移位次数 N 大于或等于 32,在循环移位前先对 N 取以 32 为底的模,其结果 0～31 为实际移动位数;

(3) 取模后结果为 0 则不执行循环移位,结果不为 0,则溢出位 SM1.1 中为最后一个移出的位值。

（4）如果移位操作的结果是 0,则零存储器位 SM1.0 就置位为 1。

4. 移位指令

举例 1:如图 3-9 所示的梯形图。

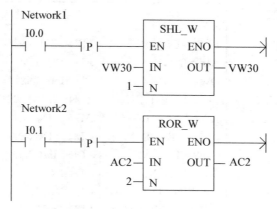

图 3-9　移位指令的应用

举例 2:用 I0.0 控制接在 Q0.0~Q0.7 上的 8 个彩灯循环移位,从左到右以 0.5 s 的速度依次点亮,保持任意时刻只有一个指示灯亮,到达最右端后,再从左到右依次点亮。梯形图如图 3-10 所示。

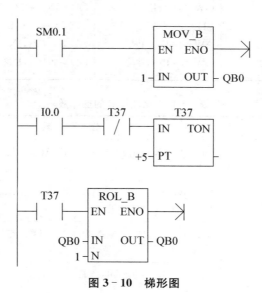

图 3-10　梯形图

比较指令

比较指令用于将两个操作数按指定条件进行比较,当条件成立时,触点闭合。所以比较指令也是一种位控制指令,对其可以进行 LD、A 和 O 编程。

比较指令可以应用于字节、整数、双字整数和实数比较。其中,字节比较是无符号的,整数、双字整数和实数比较是有符号的。

其比较的关系运算符有 6 种:=、>、>=、<、<=和<>。

比较指令的梯形图和指令表格式见表 3-13。操作数见表 3-14。

表 3-13 比较指令的基本格式

比较方式	字节比较	整数比较	双字整数比较	实数比较
指令表格式	LDB=IN1,IN2 AB=IN1,IN2 OB=IN1,IN2 LDB<>IN1,IN2 AB<>IN1,IN2 OB<>IN1,IN2 LDB<IN1,IN2 AB<IN1,IN2 OB<IN1,IN2 LDB<=IN1,IN2 AB<=IN1,IN2 OB<=IN1,IN2 LDB>IN1,IN2 AB>IN1,IN2 OB>IN1,IN2 LDB>=IN1,IN2 AB>=IN1,IN2 OB>=IN1,IN2	LDW=IN1,IN2 AW=IN1,IN2 OW=IN1,IN2 LDW<>IN1,IN2 AW<>IN1,IN2 OW<>IN1,IN2 LDW<IN1,IN2 AW<IN1,IN2 OW<IN1,IN2 LDW<=IN1,IN2 AW<=IN1,IN2 OW<=IN1,IN2 LDW>IN1,IN2 AW>IN1,IN2 OW>IN1,IN2 LDW>=IN1,IN2 AW>=IN1,IN2 OW>=IN1,IN2	LDD=IN1,IN2 AD=IN1,IN2 OD=IN1,IN2 LDD<>IN1,IN2 AD<>IN1,IN2 OD<>IN1,IN2 LDD<IN1,IN2 AD<IN1,IN2 OD<IN1,IN2 LDD<=IN1,IN2 AD<=IN1,IN2 OD<=IN1,IN2 LDD>IN1,IN2 AD>IN1,IN2 OD>IN1,IN2 LDD>=IN1,IN2 AD>=IN1,IN2 OD>=IN1,IN2	LDR=IN1,IN2 AR=IN1,IN2 OR=IN1,IN2 LDR<>IN1,IN2 AR<>IN1,IN2 OR<>IN1,IN2 LDR<IN1,IN2 AR<IN1,IN2 OR<IN1,IN2 LDR<=IN1,IN2 AR<=IN1,IN2 OR<=IN1,IN2 LDR>IN1,IN2 AR>IN1,IN2 OR>IN1,IN2 LDR>=IN1,IN2 AR>=IN1,IN2 OR>=IN1,IN2

表 3-14 比较指令的操作数

比较方式	输入	操作数	数据类型
字节比较	IN1、IN2	VB,IB,QB,MB,SMB,LB,SB,AC,常数,＊VD,＊AC,＊LD	BYTE
整数比较	IN1、IN2	IW,QW,MW,SW,SMW,VW,LW。AIW,T,C,AC,常数,＊VD,＊AC,＊LD	INT
双字整数比较	IN1、IN2	ID,QD,MD,SD,SMD,VD,LD,HC,AC,常数,＊VD,＊AC,＊LD	DINT
实数比较	IN1、IN2	ID,QD,MD,SD,SMD,VD,LD,AC,常数,＊VD,＊AC,＊LD	REAL

指令举例如图 3-11 梯形图。

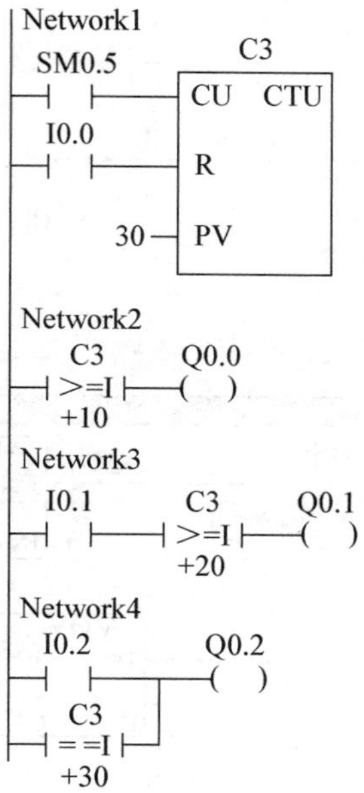

Network1
C3
SM0.5
CU CTU
I0.0
R
30
PV
Network2
C3
Q0.0
>=I
+10
Network3
I0.1
C3
Q0.1
>=I
+20
Network4
I0.2
Q0.2
C3
==I
+30

图 3-11　比较指令应用

如图 3-11 所示，程序启动后，增计数器 C3 开始计数，计数脉冲由特殊标志位 SM0.5 输出 1 s 脉冲提供。当计数器当前值大于等于 10 时，Q0.0 接通；当 I0.1 闭合，同时计数器当前值大于等于 20 时，Q0.1 接通；I0.2 闭合或计数器当前值等于 30 时，Q0.2 接通。

应用举例

【例 1】　某自动仓库存放某种货物，最多 6 000 箱，需对所存的货物进出计数。货物多于 1 000 箱，灯 L_1 亮；货物多于 5 000 箱，灯 L_2 亮。其中，L_1 和 L_2 分别受 Q0.0 和 Q0.1 控制，数值 1 000 和 5 000 分别存储在 VW20 和 VW30 字存储单元中。

本控制系统的程序如图 3-12 所示。

网络 1　网络标题
网络注释
I0.0
C30
CU CTUD
I0.1
CD
I0.2
R
+10000
PV
网络 2
C30
Q0.0
>=I
VW20
网络 3
C30
Q0.1
>=I
VW30

图 3-12　控制程序图

1. 6 只彩灯分接于 Q0.0～Q0.5，开始工作后，Q0.0 先亮，以后每隔 2 s 依次点亮 1 盏灯，直到 6 盏灯全亮 2 s 后，每隔 2 s 熄灭 1 盏灯，直到 6 盏灯全熄，2 s 后再开始循环。

梯形图如图 3-13 所示。

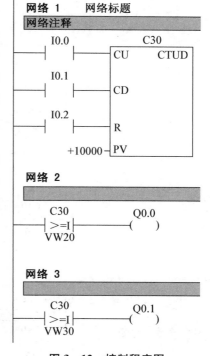

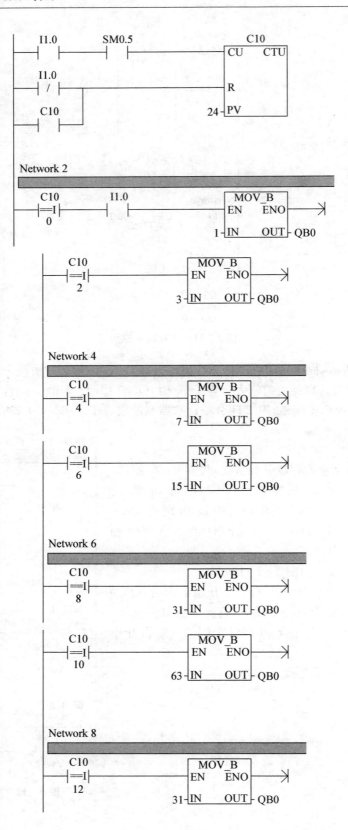

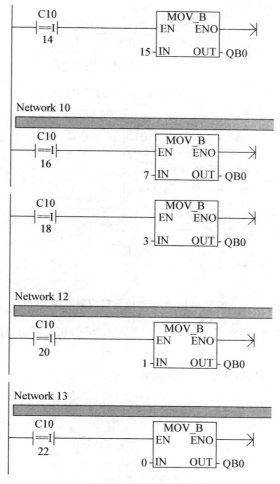

图 3 - 13　梯形图

【例 2】　上下限位报警控制

控制要求:某压力检测报警系统,通过传感器检测压力向模拟量模块输入 0~10 V 电压信号,通过 A/D 转换器转换为相应数字量存放在 AIW0 中。试编程实现转换值超过 26 000 时,红灯亮报警;超过 30 000 时,红灯闪烁(0.5 s 亮,0.5 s 灭)报警;转换值低于 1 000 时,黄灯亮报警。

(1)I/O 分配见表 3 - 15。

表 3 - 15　上下限位报警控制 I/O 分配表

输入触点	功能说明	输出线圈	功能说明
I0.0	系统起动按钮	Q0.0	红灯输出
		Q0.1	黄灯输出

（2）程序如图 3 - 14 所示。

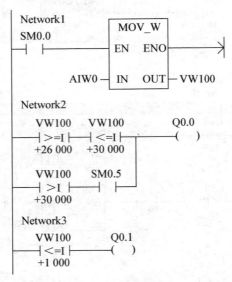

图 3 - 14　上下限位报警控制程序

【例 3】　利用传送指令实现三台电动机 M0、M1、M2 同时起动/停止控制，其梯形图如图 3 - 15 所示。

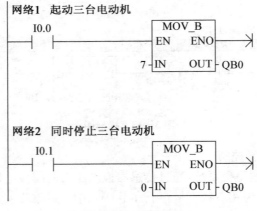

图 3 - 15　梯形图

工作任务 2　十字路口交通灯的 PLC 控制

能力目标

① 学会 I/O 地址分配表的设置；

② 掌握绘制 PLC 硬件接线图的方法并能正确接线；

③ 学会编程软件的基本操作；

④ 掌握基本指令的用法。

知识目标

① 掌握顺控指令用法；
② 理解 PLC 控制系统的设计方法。

一、工作任务

某企业承担了一个十字路口交通灯控制系统设计任务，其控制要求如图 3-16 所示；请根据控制要求用可编程控制器设计其控制系统并调试。

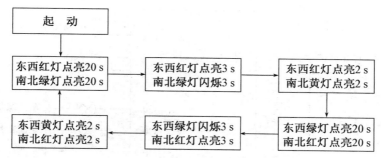

图 3-16　十字路口交通灯控制要求

二、考核内容

（1）根据图 3-16 所示原理图，分析该线路的控制功能；
（2）按控制要求完成 I/O 口地址分配表的编写；
（3）完成 PLC 控制系统硬件接线图的绘制；
（4）完成 PLC 的 I/O 口的连线；
（5）按控制要求绘制梯形图、输入并调试控制程序；
（6）考核过程中，注意"6S 管理"要求。

三、评分表（略）

（评分标准见表 3-1）

任务实施

一、I/O 地址分配表（表 3-16）

表 3-16　I/O 地址分配表

输入			输出		
起动 SD	I0.0		东西绿灯	HL1	Q0.0
			东西黄灯	HL2	Q0.1

（续表）

输入			输出		
			东西红灯	HL3	Q0.2
			南北绿灯	HL4	Q0.3
			南北黄灯	HL5	Q0.4
			南北红灯	HL6	Q0.5

二、PLC 硬件接线图（图 3-17）

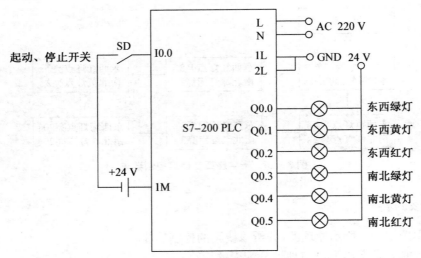

图 3-17　PLC 硬件接线图

三、控制程序（图 3-18）

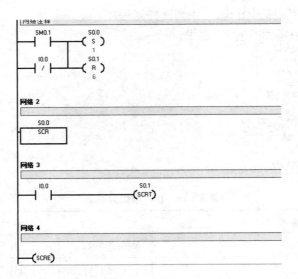

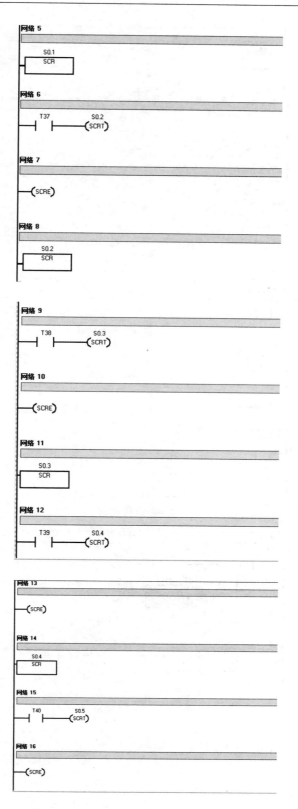

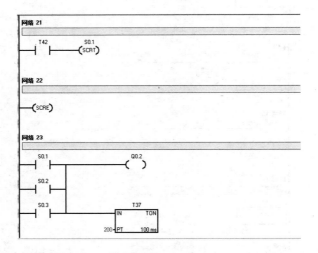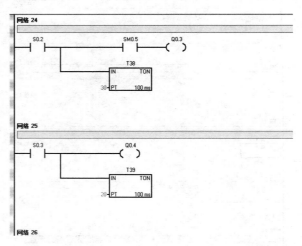

网络 17

S0.5
SCR

网络 18

T41   S0.6
┤├────(SCRT)

网络 19

─(SCRE)

网络 20

S0.6
SCR

网络 21

T42   S0.1
┤├────(SCRT)

网络 22

─(SCRE)

网络 23

S0.1   Q0.2
┤├──────────────────────( )

S0.2
┤├

S0.3   T37
┤├   IN   TON

          200─PT   100 ms

网络 24

S0.2   SM0.5   Q0.3
┤├──────────────┤├────( )

                  T38
          IN   TON

      30─PT   100 ms

网络 25

S0.3   Q0.4
┤├──────────────────────( )

                  T39
          IN   TON

      20─PT   100 ms

网络 26

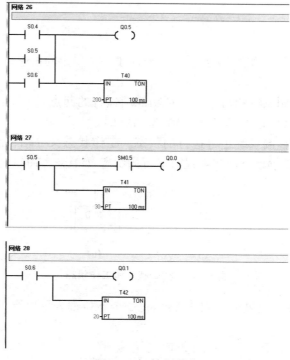

图 3 - 18　控制程序

四、系统调试

（1）完成接线并检查、确认接线正确；

（2）输入并运行程序，监控程序运行状态，分析程序运行结果；

（3）程序符合控制要求后再接通主电路试车，进行系统调试，直到最大限度地满足系统的控制要求为止。

知识链接

知识目标：熟悉西门子 PLC 的编程原则；顺利操作编程软件；熟悉西门子的功能图的编辑思路；掌握顺控指令的使用方法及正确应用。

能力目标：具有 PLC 的硬件设计能力；正确设计西门子系统的梯形图；能利用顺控指令编写程序。

一、功能图的基本概念

1. 功能图的定义

功能图又称为功能流程图或状态转移图，它是一种描述顺序控制系统的图形表示方法，是一种专用于工业顺序程序设计的功能性说明语言。它既能完整地描述控制系统的工作过程、功能和特性，又是分析、设计电气控制系统控制程序的重要工具。

功能图的产生：功能图是为更方便地解决各类按顺序工作的控制系统的编程而开发的一种编程方法。例如，某送料小车往复运动的顺序功能图。

2. 功能图的组成

功能图主要由"状态或称步""转移""动作"组成。

1) 状态(步)

状态是控制系统中一个相对不变的性质,对应于一个稳定的情形。状态包括:初始状态和工作状态。

(1) 初始状态。控制系统的初始状态是功能图运行的起点,一个控制系统至少有一个初始状态,初始状态用双线的矩形框表示,如图 3 - 19(b)。

(2) 工作状态。指控制系统正常运行的状态。工作状态又分动状态和静状态,动状态是指当前正在运行的状态;静状态是当前没有运行的状态,如图 3 - 19(a)表示工作状态。

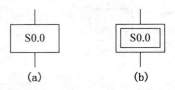

图 3 - 19　初始状态和工作状态

(3) S。S 称为顺序控制继电器或状态器,每一个 S 位都表示功能图的一种状态。

2) 转移

转移是由有向线段状态与转移条件组成。

(1) 有向线段。表示状态转移的方向。当状态从上到下进行转移时,有向线段的箭头不画。

(2) 转移条件。当转移条件成立且当前一状态为动状态,控制系统就从当前状态转移到下一个相邻的状态。如图 3 - 20(a)所示。

3) 动作

控制过程中的每一个状态,它可以对应一个或多个动作。可以在状态右边用简明的文字说明该状态所对应的动作,如图 3 - 20(b)所示。

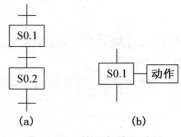

图 3 - 20　转移条件和动作

二、功能图的构成规则

(1) 状态与状态不能直接相连,必须用转移分开;

(2) 转移与转移不能直接相连,必须用状态分开;

(3) 状态与转移、转移与状态之间的连线采用有向线段,画功能图的顺序一般是从上向下或从左到右,正常顺序时可以省略箭头,否则必须加箭头。

(4) 一个功能图至少应有一个初始状态。如果没有初始步,无法表示初始状态,系统也无法返回等待其动作的停止状态。

(5) 功能图一般来说是由状态和有向线段组成的闭环,即在完成一次工艺过程的全部操作之后,应从最后一步返回到初始步,系统停在初始状态,在连续循环工作方式时,应从最后一步返回下一工作周期开始运行的第一步。

三、顺序控制指令

指令的梯形图和指令表格式见表 3 - 17。

表 3 - 17　顺序控制指令

STL	LAD	功能	操作元件
LSCR S_bit	S_bit ┤├ SCR	顺序状态开始	S(位)
SCRT S_bit	S_bit ——(SCRT)	顺序状态转移	S(位)
SCRE	——(SCRE)	顺序状态结束	无
CSCRE		条件顺序状态结束	无

S 的范围为 S0.0～S31.7。

顺序控制继电器段的功能,如图 3 - 21 所示。

(1) 驱动处理　即在该段状态器有效时,要做什么工作,有时也可能不做任何工作;

(2) 指定转移条件和目标　即满足什么条件后状态转移到何处;

(3) 转移源自动复位功能　状态发生转移后,置位下一个状态的同时,自动复位原状态。

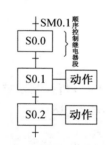

图 3 - 21　顺序控制继电器段

四、功能图的主要类型

功能图的主要类型有:单流程结构、并行分支结构、选择性分支结构、跳转和循环结构。

1. 单流程结构

控制对象的状态(动作)是一个接一个地完成。每一个状态仅连接一个转移,每一个转移仅连接一个状态。如图 3 - 22 所示。

编制功能图的方法:

(1) 分析控制系统的工作原理;

(2) 按照设备的工作顺序,找出设备的各个工作状态及相应的动作;

(3) 找出相邻状态之间的转移条件;

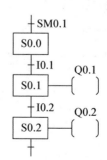

图 3 - 22　单流程结构的功能图

例1 红绿灯控制,如图 3-23 所示。

控制要求:本设计实现对十字路口的东西向和南北向的红绿灯进行有序控制。

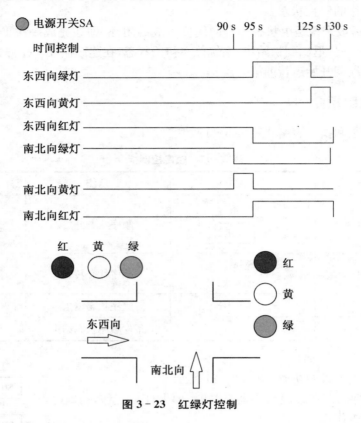

图 3-23 红绿灯控制

（1）分析控制要求,找出控制设备现场的实际输入和输出点,选择 PLC 型号并分配 I/O 地址（表 3-18）

表 3-18 I/O 地址分配表

输入信号			输出信号		
名　称	代　码	地址编号	名　称	代　码	地址编号
开关	SA	I0.0	南北向绿灯	HL4	Q0.3
东西向绿灯	HL1	Q0.0	南北向黄灯	HL5	Q0.4
东西向黄灯	HL2	Q0.1	南北向红灯	HL6	Q0.5
东西向红灯	HL3	Q0.2			

（2）PLC端子接线图（图3-24）

（3）编制控制系统的功能图（图3-25）

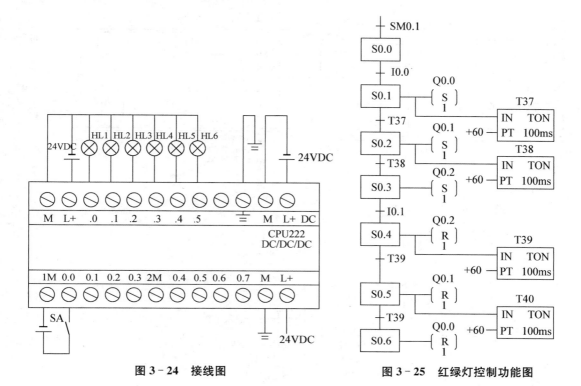

图3-24　接线图

图3-25　红绿灯控制功能图

顺序控制指令使用的注意事项：

（1）顺序控制指令的操作数只能为S；

（2）SCR段能否执行取决于该状态器（S）是否被置位；

（3）不能把同一个S位用于不同的程序中；

（4）SCR段中不允许使用跳转指令和循环指令和有条件结束指令；

（5）在状态转移发生后，当前SCR段所有的动作元件一般均复位，除非使用置位指令；

（6）顺序功能图中的状态器的编号可以不按顺序编排；

（7）同一功能图不允许有双线圈输出。

2．并行分支结构

一个顺序控制状态流必须分成两个或多个不同的分支控制状态流，叫并行分支或并发分支。所有并行分支必须同时激活，如图3-26所示。并行分支功能图，如图3-27所示。并行分支梯形图，如图3-28所示。

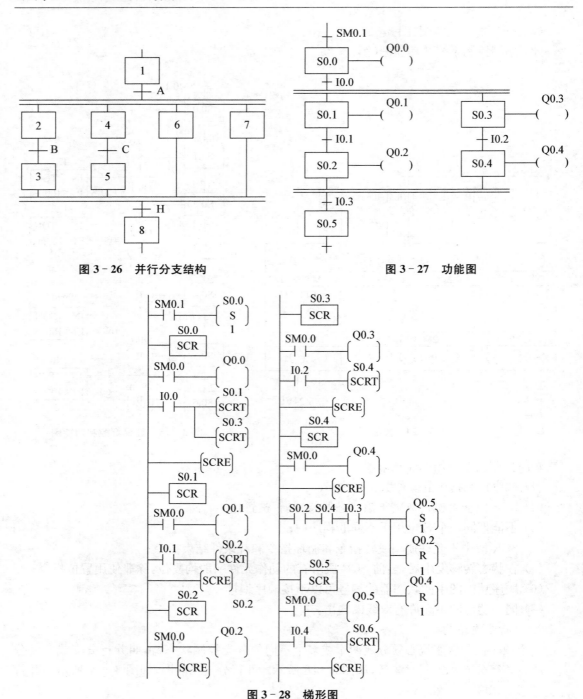

图 3-26　并行分支结构　　　　　　　　　　图 3-27　功能图

图 3-28　梯形图

例 2　某专用钻床用两只钻头同时钻两个孔,开始自动运行之前两个钻头在最上面,上限位开关 I0.3 和 I0.5 为 ON,操作人员放好工件后,按下起动按钮 I0.1,工件被夹紧后两只钻头同时开始工作,钻到由限位开关 I0.2 和 I0.4 设定的深度时分别上行,回到限位开关 I0.3 和 I0.5 设定的起始位置分别停止上行,两个都到位后,工件被松开,松放开到位后,加工结束,系统返回初始状态。工作示意见图 3-29。

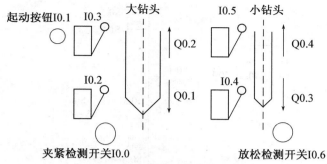

图 3-29　某专用钻床结构图

（1）分析控制要求，找出控制设备现场的实际输入和输出点，选择 PLC 型号并分配 I/O 地址（表 3-19）。

表 3-19　I/O 地址分配表

输入信号		输出信号	
名称	地址编号	名称	地址编号
夹紧检测开关	I0.0	工件夹紧	Q0.0
起动按钮	I0.1	大钻头下降	Q0.1
大钻头下限位开关	I0.2	大钻头上升	Q0.2
大钻头上限位开关	I0.3	小钻头下降	Q0.3
小钻头下限位开关	I0.4	小钻头上升	Q0.4
小钻头上限位开关	I0.5	工件放松	Q0.5
放松检测开关	I0.6		

（2）PLC 端子接线（略）。

（3）编制钻床的顺序功能图（图 3-30），梯形图如图 3-31 所示。

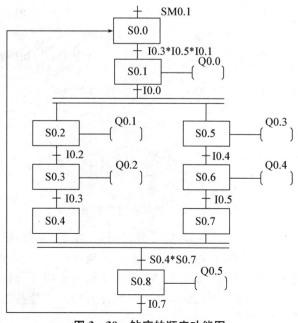

图 3-30　钻床的顺序功能图

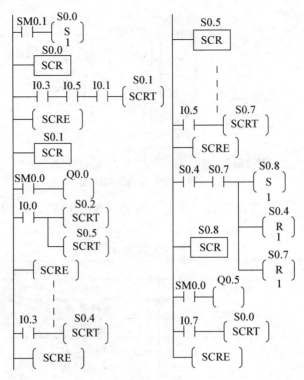

图 3-31 梯形图

例 3 某化学反应的装置由 4 个容器组成,容器之间用泵连接,以此进行化学反应。每个容器都装有检测容器已满、已空的传感器,2#容器还带有加热器和温度传感器,3#容器带有搅拌器,当1#容器和2#容器中的液体抽入3#容器时,起动搅拌器。3#、4#容器是1#、2#容器体积的2倍,可以由1#、2#容器的液体装满。其装置示意图见图 3-32。

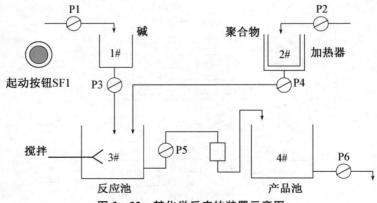

图 3-32 某化学反应的装置示意图

工作原理:按动起动按钮后,1#、2#容器分别用泵 P1、P2 从碱和聚合物库中将其灌满,灌满后传感器发出信号,P1、P2 关闭,然后 2#容器加热到 600 ℃时,温度传感器发出信号,关断加热器。P3、P4 分别将 1#、2#容器的液体送到 3#反应池中,同时起动搅拌器,搅拌时间为 60 s。一旦 3#满或 1#、2#空。则泵 P3、P4 停止并等待。当搅拌时间到,P5 将混合液抽到4#容器中,直到4#满或3#空。成品用P6抽走,直到4#空。整个过程结束,再次按动起动按钮,新的循环开始。

（1）分析控制要求,找出控制设备现场的实际输入和输出点,选择PLC型号并分配I/O地址（表3-20）。

表3-20　I/O地址分配表

输入信号		输出信号	
名称	地址编号	名称	地址编号
手动起动按钮	I0.0	泵P1接触器	Q0.0
1#容器满	I0.1	泵P2接触器	Q0.1
1#容器空	I0.2	泵P3接触器	Q0.2
2#容器满	I0.3	泵P4接触器	Q0.3
2#容器空	I0.4	泵P5接触器	Q0.4
3#容器满	I0.5	泵P6接触器	Q0.5
3#容器空	I0.6	加热器接触器	Q0.6
4#容器满	I0.7	搅拌器接触器	Q0.7
4#容器空	I1.0		
温度传感器信号	I1.1		

（2）PLC端子接线（略）。

（3）编制化学反应装置的功能图,如图3-33所示。

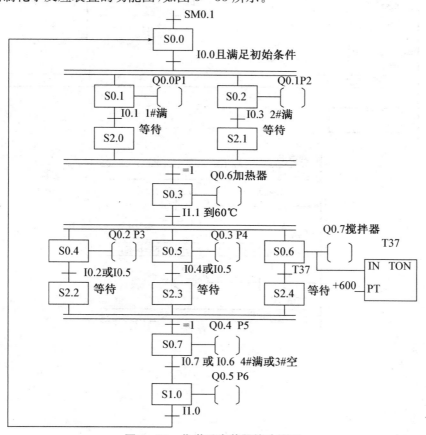

图3-33　化学反应装置的功能图

梯形图,如图 3 - 34 所示。

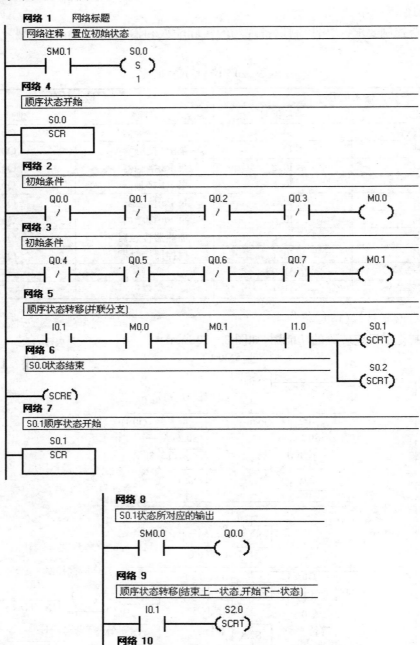

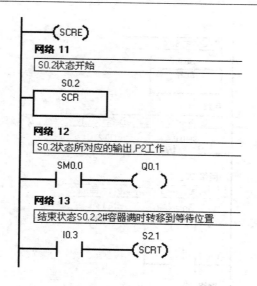

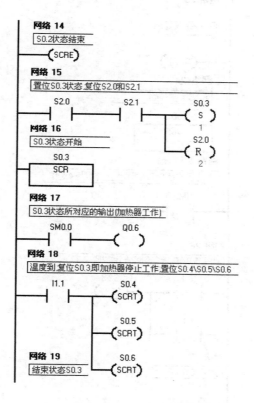

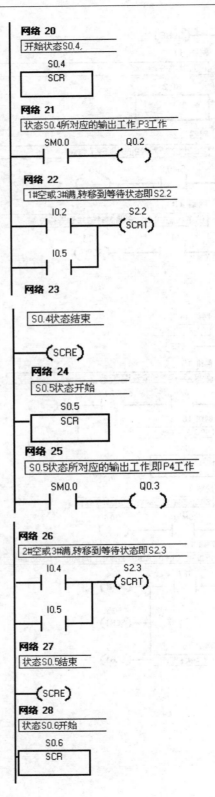

网络 20

开始状态S0.4,

```
      S0.4
    ┌────────┐
    │  SCR   │
    └────────┘
```

网络 21

状态S0.4所对应的输出工作,P3工作

```
    SM0.0         Q0.2
    ──┤├──────────( )
```

网络 22

1#空或3#满,转移到等待状态即S2.2

```
     I0.2          S2.2
    ──┤├────┬──────(SCRT)
     I0.5   │
    ──┤├────┘
```

网络 23

S0.4状态结束

```
    ──(SCRE)
```

网络 24

S0.5状态开始

```
      S0.5
    ┌────────┐
    │  SCR   │
    └────────┘
```

网络 25

S0.5状态所对应的输出工作即P4工作

```
    SM0.0         Q0.3
    ──┤├──────────( )
```

网络 26

2#空或3#满,转移到等待状态即S2.3

```
     I0.4          S2.3
    ──┤├────┬──────(SCRT)
     I0.5   │
    ──┤├────┘
```

网络 27

状态S0.5结束

```
    ──(SCRE)
```

网络 28

状态S0.6开始

```
      S0.6
    ┌────────┐
    │  SCR   │
    └────────┘
```

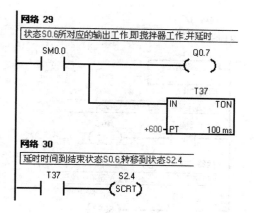

网络 29

状态S0.6所对应的输出工作,即搅拌器工作,并延时

网络 30

延时时间到结束状态S0.6转移到状态S2.4

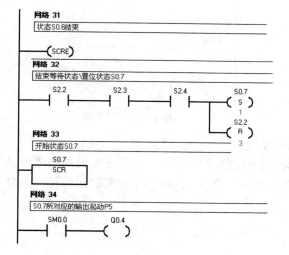

网络 31

状态S0.6结束

网络 32

结束等待状态\置位状态S0.7

网络 33

开始状态S0.7

网络 34

S0.7所对应的输出起动P5

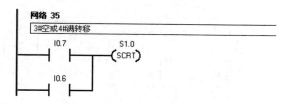

网络 35

3#空或4#满两转移

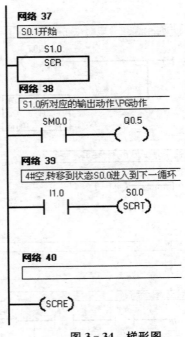

图 3－34　梯形图

3. 选择性分支结构

选择性分支结构：一个控制流可能转入多个可能的控制流中的某一个，但不允许多路分支同时执行。到底进入哪一个分支，取决于控制流前面的转移条件哪个首先真。如图 3－35 所示。

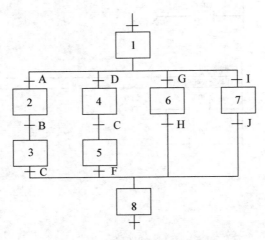

图 3－35　选择性分支的示意图

选择性分支结构的功能图（图 3－36）和梯形图（图 3－37）。

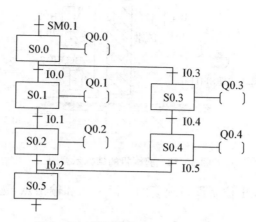

图 3-36 选择性分支结构的功能图

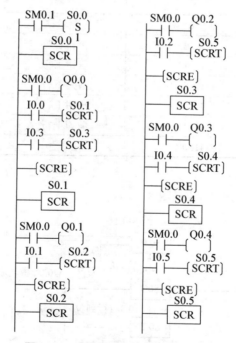

图 3-37 选择性分支结构的梯形图

例 4 图 3-38 是剪板机的结构示意图,开始时压钳和剪刀在上限位置,限位开关 I0.0 和 I0.1 为 ON,按下起动按钮 I1.0,工作过程如下:首先板料右行(Q0.0 为 ON)至限位开关 I0.3 动作,然后压钳下行(Q0.1 为 ON 并保持),压紧板料后,压力开关 I0.4 为 ON,压钳保持压紧,剪刀开始下行(Q0.2 为 ON)。剪断板料后,I0.2 变为 ON,压钳和剪刀同时上行(Q0.3 和 Q0.4 为 ON),他们分别碰到限位开关 I0.0 和 I0.1 后,分别停止上行。当都停止后,又开始下一周期的工作,剪完 10 块料后,停止工作并停在初始状态。

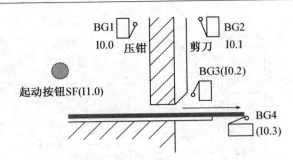

图 3-38 剪板机的结构示意图

（1）分析控制要求，找出控制设备现场的实际输入和输出点，选择 PLC 型号并分配 I/O 地址（表 3-21）。

表 3-21 I/O 地址分配表

输入信号		输出信号	
名称	地址编号	名称	地址编号
压钳上限位 BG1	I0.0	板料右行	Q0.0
剪刀上限位 BG2	I0.1	压钳下行	Q0.1
剪刀下限位 BG3	I0.2	剪刀下行	Q0.2
板料右行限位 BG4	I0.3	压钳上行	Q0.3
压钳压紧开关	I0.4	剪刀上行	Q0.4
起动按钮 SF	I1.0		

（2）PLC 端子接线（略）。

（3）剪板机控制系统顺序功能图（图 3-39）。

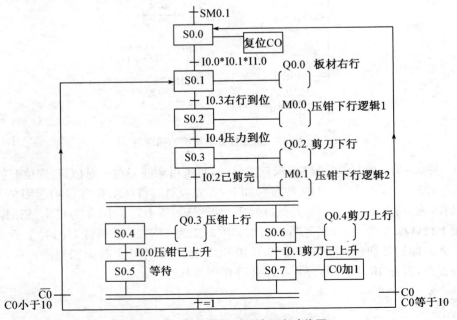

图 3-39 剪板机控制系统顺序功能图

4. 跳转和循环结构

跳转和循环结构：由跳转结构和循环结构混合在一起，组成了较复杂的功能图的跳转和循环结构。跳转和循环结构如图 3－40 所示。

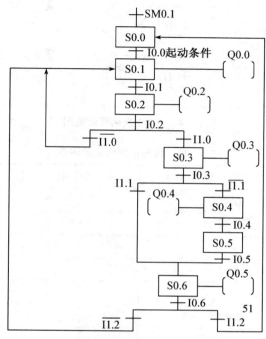

图 3－40　跳转和循环结构

工作任务 3　LED 数码管

能力目标

① 学会 I/O 地址分配表的设置；

② 掌握绘制 PLC 硬件接线图的方法并能正确接线；

③ 学会编程软件的基本操作；

④ 掌握基本指令的用法。

知识目标

① 掌握 SEG 指令的指令用法；

② 理解 PLC 控制系统的设计方法。

一、工作任务

某企业承担了一个 LED 数码显示设计任务，LED 数码管示意图如图 3－41 所示；数码管内部自带转换线路,其逻辑关系如表 3-22 所示;显示要求:LED 数码显示管依次循环显示 1→2→3→4→5,每个状态停留 1 s。请用可编程控制器设计其控制系统并调试。

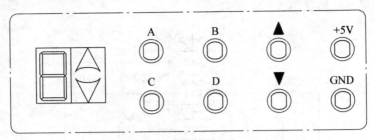

图 3-41　LED 数码管示意图

表 3-22　数码管输出显示逻辑

A、B、C、D 输入	数码管输出显示
0000	0
0001	1
0010	2
0011	3
0100	4
0101	5
0110	6
0111	7
1000	8
1001	9

二、考核内容

(1) 根据图 3-41 所示,分析该线路的控制功能;

(2) 按控制要求完成 I/O 口地址分配表的编写;

(3) 完成 PLC 控制系统硬件接线图的绘制;

(4) 完成 PLC 的 I/O 口的连线;

(5) 按控制要求绘制梯形图、输入并调试控制程序;

(6) 考核过程中,注意"6S 管理"要求。

三、评分表(略)

(评分标准见表 3-1)

任务实施

一、I/O 地址分配表（表 3-23）

表 3-23　I/O 地址分配表

输入			输出		
起动/停止	SD	I0.0	A 输入	1	Q0.0
			B 输入	2	Q0.1
			C 输入	4	Q0.2

二、PLC 硬件接线图（图 3-42）

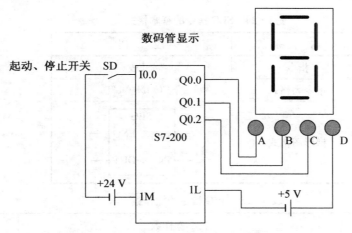

图 3-42　PLC 硬件接线图

三、控制程序（图 3-43）

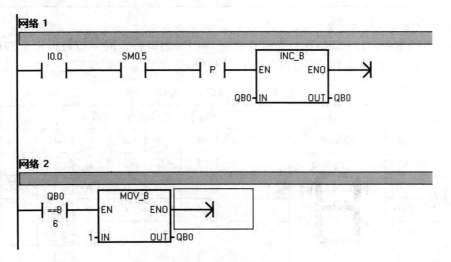

图 3-43　控制程序

四、系统调试

（1）完成接线并检查、确认接线正确；

（2）输入并运行程序，监控程序运行状态，分析程序运行结果；

（3）程序符合控制要求后再接通主电路试车，进行系统调试，直到最大限度地满足系统的控制要求为止。

知识链接

SEG 指令

1. 指令格式及其操作数。

指令的梯形图和指令表格式见表 3-24。操作数见表 3-25。

表 3-24　SEG 指令的基本格式

名　称	段　码
指令	SEG
指令表格式	SEG IN,OUT
梯形图格式	SEG EN　ENO IN　OUT

表 3-25　SEG 指令的操作数

指令	输入/输出	操作数	数据类型
SEG	IN	VB,IB,QB,MB,SMB,LB,SB,常数,＊VD,＊AC,＊LD	WORD
	OUT	VB,IB,QB,MB,SMB,LB,SB,AC,＊VD,＊AC,＊LD	BYTE

2. 指令功能。

SEG　段码指令。EN 端口执行条件存在时，将 IN 端口指定的字节数据中低四位有效值转换为 7 段显示码，输出到 OUT 端口指定的字节单元。7 段显示码编码见表 3-26。

表 3-26　7 段显示码编码

待变换数据		7 段显示 的组成	用于 7 段显示的 8 位数据								7 段显示
十六进制	二进制		/	g	f	e	d	c	b	a	
16#0	2#0000		0	0	1	1	1	1	1	1	0
16#1	2#0001		0	0	0	0	0	1	1	0	1
16#2	2#0010		0	1	0	1	1	0	1	1	2
16#3	2#0011		0	1	0	0	1	1	1	1	3
16#4	2#0100		0	1	1	0	0	1	1	0	4

引

待变换数据		7段显示的组成	用于7段显示的8位数据								7段显示
十六进制	二进制		/	g	f	e	d	c	b	a	
16#5	2#0101		0	1	1	0	1	1	0	1	5
16#6	2#0110		0	1	1	1	1	1	0	1	6
16#7	2#0111		0	0	1	0	0	1	1	1	7
16#8	2#1000		0	1	1	1	1	1	1	1	8
16#9	2#1001		0	1	1	0	1	1	1	1	9
16#A	2#1010		0	1	1	1	0	1	1	1	a
16#B	2#1011		0	1	1	1	1	1	0	0	b
16#C	2#1100		0	0	1	1	1	0	0	1	c
16#D	2#1101		0	1	0	1	1	1	1	0	d
16#E	2#1110		0	1	1	1	1	0	0	1	e
16#F	2#1111		0	1	1	1	0	0	0	1	f

思考与练习

3-1　用传送指令编程实现 4 台电动机同时启动同时停车。

3-2　设计 2 台电动机顺序控制系统。控制要求：2 台电动机相互协调运行，具体工作过程是：按 SB1 按钮 ——→ M1 电动机运行 10 s，停车 5 s

——→ M2 电动机停车 10 s，运行 5 s

如此反复动作 3 次，M1 和 M2 停止。

3-3　设计出十字路口交通信号灯控制系统。控制要求如下：

① 东西方向：绿 5 s，绿灯闪烁 3 次，黄 2 s；红 10 s。

② 南北方向：红 10 s，绿 5 s，绿灯闪烁 3 次，黄 2 s。

3-4　有一运输系统由 4 条运输带顺序相连而成分别用电动机 M1，M2，M3，M4 拖动。具体控制要求如下：

① 按下起动按钮后，M4 电动机先起动，经过 5 s，M3 电动机起动，再过 5 s，M2 电动机起动，再过 5 s，M1 电动机起动。

② 按下停止按钮，M1 电动机先停，经过 5 s，M2 电动机停，再经过 5 s，M3 电动机停，再经过 5 s，M4 电动机停。

3-5　用顺控指令编写循环灯控制程序

按下起动按钮时，灯 L1、L2、L3 每隔 1 s 轮流闪亮，并循环。按下停止按钮，3 只灯都灭。

模块四 PLC对机电设备控制系统设计、安装与调试

工作任务1 机械手的PLC控制

能力目标

① 学会I/O地址分配表的设置；
② 掌握绘制PLC硬件接线图的方法并能正确接线；
③ 学会编程软件的基本操作；
④ 掌握基本指令的用法。

知识目标

① 掌握PLC控制系统的设计原则、方法；
② 理解PLC控制系统的设计方法。

一、工作任务

某企业承担了一个机械手控制系统设计任务，要求用机械手将工件由A处抓取并放到B处，机械手控制示意图如图4-1所示。

控制要求：机械手停在初始状态，SQ4=SQ2＝1，SQ3＝SQ1＝0，原位指示灯HL点亮，按下"SB1"起动开关，下降指示灯YV1点亮，机械手下降，(SQ2=0)下降到A处后(SQ1=1)夹紧工件，夹紧指示灯YV2点亮；夹紧工件后，机械手上升(SQ1=0)，上升指示灯YV3点亮，上升到位后(SQ2=1)，机械手右移(SQ4=0)，右移指示灯YV4点亮；机械手右移到位后(SQ3=1)下降指示灯YV1点亮，机械手下降；机械手下降到位后(SQ1=1)夹紧指示灯YV2熄灭，机械手放松。

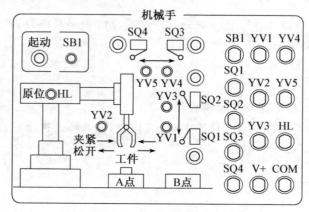

图4-1 机械手控制示意图

二、考核内容

(1) 根据原理图,分析该线路的控制功能;

(2) 按控制要求完成 I/O 口地址分配表的编写;

(3) 完成 PLC 控制系统硬件接线图的绘制;

(4) 完成 PLC 的 I/O 口的连线;

(5) 按控制要求绘制梯形图、输入并调试控制程序;

(6) 考核过程中,注意"6S 管理"要求。

三、评分表(表 4-1)

表 4-1　评分表

评价内容	序号	主要内容	考核要求	评分细则	配分	扣分	得分
职业素养与操作规范(50分)	1	工作前准备	清点工具、仪表等。	未清点工具、仪表等每项扣1分。	5		
	2	安装与接线	按 PLC 控制 I/O 接线图在模拟配线板正确安装,操作规范	① 未关闭电源开关,用手触摸电器线路或带电进行线路连接或改接,本项记 0 分。② 线路布置不整齐、不合理,每处扣 2 分。③ 损坏元件扣 5 分。④ 接线不规范造成导线损坏,每根扣 5 分。⑤ 不按 I/O 接线图接线,每处扣 2 分。	15		
	3	程序输入与调试	熟练操作编程软件,将所编写的程序输入 PLC;按照被控设备的动作要求进行模拟调试,达到控制要求	① 不会熟练操作软件输入程序,扣 10 分。② 不会进行程序删除、插入、修改等操作,每项扣 2 分。③ 不会联机下载调试程序扣 10 分。④ 调试时造成元件损坏或者熔断器熔断每次扣 10 分。	20		
	4	清洁	工具摆放整洁;工作台面清洁	乱摆放工具、仪表,乱丢杂物,完成任务后不清理工位扣 5 分。	5		
	5	安全生产	安全着装;按维修电工操作规程进行操作	① 没有安全着装,扣 5 分。② 出现人员受伤设备损坏事故,考试成绩为 0 分。	5		
作品(50分)	6	功能分析	能正确分析控制线路功能	能正确分析控制线路功能,功能分析不正确,每处扣 2 分。	10		
	7	I/O 分配表	正确完成 I/O 地址分配表	输入输出地址遗漏,每处扣 2 分。	5		

（续表）

评价内容	序号	主要内容	考核要求	评分细则	配分	扣分	得分
	8	硬件接线图	绘制 I/O 接线图	① 接线图绘制错误，每处扣 2 分。 ② 接线图绘制不规范，每处扣 1 分。	5		
	9	梯形图	梯形图正确、规范	① 梯形图功能不正确，每处扣 3 分。 ② 梯形图画法不规范，每处扣 1 分。	15		
	10	功能实现	根据控制要求，准确完成系统的安装调试	不能达到控制要求，每处扣 5 分。	15		
评分人：				核分人：	总分		

任务实施

一、I/O 地址分配表（表 4 - 2）

表 4 - 2　I/O 地址分配表

输入			输出		
起动 SD	I0.0		YV1	Q0.0	下降
SQ1	I0.1	下降限位	YV2	Q0.1	夹紧
SQ2	I0.2	上升限位	YV3	Q0.2	上升
SQ3	I0.3	伸出限位	YV4	Q0.3	伸出
SQ4	I0.4	收回限位	YV5	Q0.4	收回
			HL	Q0.5	原位指示

二、PLC 硬件接线图（图 4 - 2）

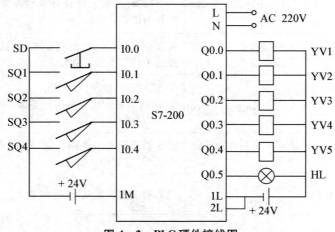

图 4 - 2　PLC 硬件接线图

三、控制程序（图 4 - 3）

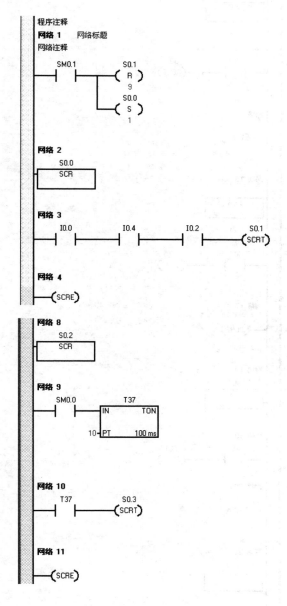

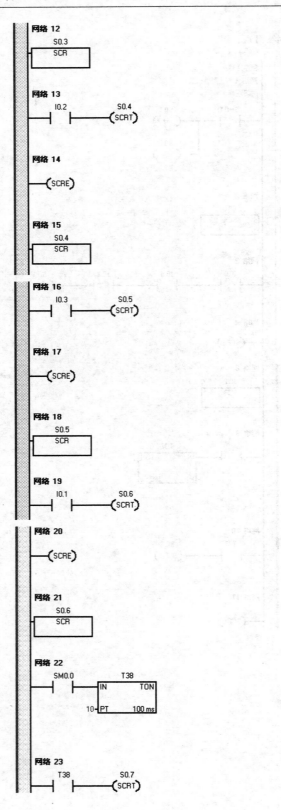

网络 24

—(SCRE)

网络 25

S0.7
SCR

网络 26

I0.4   S1.0
—| |—   —(SCRT)

网络 27

—(SCRE)

网络 28

S1.0
SCR

网络 29

I0.4   S0.0
—| |—   —(SCRT)

网络 30

—(SCRE)

网络 31

S0.0   I0.2   I0.4   Q0.5
—| |——| |——| |——( )

网络 32

S0.1   Q0.0
—| |——( )
S0.5
—| |—

网络 33

S0.2   Q0.4
—| |——(S)
1

网络 34

S0.3   Q0.1
—| |——( )
S0.7
—| |—

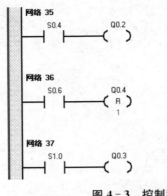

图 4 - 3　控制程序

四、系统调试

（1）完成接线并检查、确认接线正确；

（2）输入并运行程序，监控程序运行状态，分析程序运行结果；

（3）程序符合控制要求后再接通主电路试车，进行系统调试，直到最大限度地满足系统的控制要求为止。

知识链接

PLC 控制系统设计

一、PLC 设计的基本原则

在了解了 PLC 的基本工作原理和指令系统之后，可以结合实际进行 PLC 的设计，PLC 的设计包括硬件设计和软件设计 2 部分。PLC 设计的基本原则是：

（1）充分发挥 PLC 的控制功能，最大限度地满足被控制的生产机械或生产过程的控制要求。

（2）在满足控制要求的前提下，力求使控制系统经济、简单，维修方便。

（3）保证控制系统安全可靠。

（4）考虑到生产发展和工艺的改进，在选用 PLC 时，在 I/O 点数和内存容量上适当留有余地。

（5）软件设计主要是指编写程序，要求程序结构清楚，可读性强，程序简短，占用内存少，扫描周期短。

二、PLC 控制系统的设计内容及设计步骤

1. PLC 控制系统的设计内容

（1）根据设计任务书进行工艺分析，并确定控制方案，它是设计的依据。

（2）选择输入设备（如按钮、开关、传感器等）和输出设备（如继电器、接触器、指示灯等执行机构）。

（3）选定 PLC 的型号（包括机型、容量、I/O 模块和电源等）。

（4）分配 PLC 的 I/O 点，绘制 PLC 的 I/O 硬件接线图。

（5）编写程序并调试。

（6）设计控制系统的操作台、电气控制柜等以及安装接线图。

（7）编写设计说明书和使用说明书。

2. 设计步骤

1）工艺分析

深入了解控制对象的工艺过程、工作特点、控制要求，并划分控制的各个阶段，归纳各个阶段的特点，和各阶段之间的转换条件，画出控制流程图或功能流程图。

2）选择合适的 PLC 类型

在选择 PLC 机型时，主要考虑下面几点：

（1）功能的选择

对于小型的 PLC 主要考虑 I/O 扩展模块、A/D 与 D/A 模块以及指令功能（如中断、PID 等）。

（2）I/O 点数的确定

统计被控制系统的开关量、模拟量的 I/O 点数，并考虑以后的扩充（一般加上 10%～20% 的备用量），从而选择 PLC 的 I/O 点数和输出规格。

（3）内存的估算

用户程序所需的内存容量主要与系统的 I/O 点数、控制要求、程序结构长短等因素有关。一般可按下式估算：存储容量＝开关量输入点数×10＋开关量输出点数×8＋模拟通道数×100＋定时器/计数器数量×2＋通信接口个数×300＋备用量。

3）分配 I/O 点

分配 PLC 的输入/输出点，编写输入/输出分配表或画出输入/输出端子的接线图，接着就可以进行 PLC 程序设计，同时进行控制柜或操作台的设计和现场施工。

4）程序设计

对于较复杂的控制系统，根据生产工艺要求，画出控制流程图或功能流程图，然后设计出梯形图，再根据梯形图编写语句表程序清单，对程序进行模拟调试和修改，直到满足控制要求为止。

5）控制柜或操作台的设计和现场施工

设计控制柜及操作台的电器布置图及安装接线图；设计控制系统各部分的电气互锁图；根据图纸进行现场接线，并检查。

6）应用系统整体调试

如果控制系统由几个部分组成，则应先作局部调试，然后再进行整体调试；如果控制程序的步序较多，则可先进行分段调试，然后连接起来总调。

7）编制技术文件

技术文件应包括：可编程控制器的外部接线图等电气图纸，电器布置图，电器元件明细表，顺序功能图，带注释的梯形图和说明。

三、PLC 的硬件设计和软件设计及调试

1. PLC 的硬件设计

PLC 硬件设计包括：PLC 及外围线路的设计、电气线路的设计和抗干扰措施的设计等。

选定 PLC 的机型和分配 I/O 点后,硬件设计的主要内容就是电气控制系统的原理图的设计,电气控制元器件的选择和控制柜的设计。电气控制系统的原理图包括主电路和控制电路。控制电路中包括 PLC 的 I/O 接线和自动、手动部分的详细连接等。电器元件的选择主要是根据控制要求选择按钮、开关、传感器、保护电器、接触器、指示灯、电磁阀等。

2. PLC 的软件设计

软件设计包括系统初始化程序、主程序、子程序、中断程序、故障应急措施和辅助程序的设计,小型开关量控制一般只有主程序。首先应根据总体要求和控制系统的具体情况,确定程序的基本结构,画出控制流程图或功能流程图,简单的系统可以用经验法设计,复杂的系统一般用顺序控制设计法设计。

3. 软件硬件的调试

调试分模拟调试和联机调试。

软件设计好后一般先进行模拟调试。模拟调试可以通过仿真软件来代替 PLC 硬件在计算机上调试程序。如果有 PLC 的硬件,可以用小开关和按钮模拟 PLC 的实际输入信号(如起动、停止信号)或反馈信号(如限位开关的接通或断开),再通过输出模块上各输出位对应的指示灯,观察输出信号是否满足设计的要求。需要模拟量信号 I/O 时,可用电位器和万用表配合进行。在编程软件中可以用状态图或状态图表监视程序的运行或强制某些编程元件。

硬件部分的模拟调试主要是对控制柜或操作台的接线进行测试。可在操作台的接线端子上模拟 PLC 外部的开关量输入信号,或操作按钮的指令开关,观察对应 PLC 输入点的状态。用编程软件将输出点强制 ON/OFF,观察对应的控制柜内 PLC 负载(指示灯、接触器等)的动作是否正常,或对应的接线端子上的输出信号的状态变化是否正确。

联机调试时,把编制好的程序下载到现场的 PLC 中。调试时,主电路一定要断电,只对控制电路进行联机调试。通过现场的联机调试,还会发现新的问题或对某些控制功能的改进。

四、PLC 程序设计常用的方法

PLC 程序设计常用的方法主要有经验设计法、继电器控制电路转换为梯形图法、逻辑设计法、顺序控制设计法等。

1. 经验设计法

经验设计法即在一些典型的控制电路程序的基础上,根据被控制对象的具体要求进行选择组合,并多次反复调试和修改梯形图,有时需增加一些辅助触点和中间编程环节,才能达到控制要求。由于这种方法没有规律可遵循,设计所用的时间和设计质量与设计者的经验有很大的关系,所以称为经验设计法。经验设计法用于较简单的梯形图设计。应用经验设计法必须熟记一些典型的控制电路,如起保停电路、脉冲发生电路等。

2. 继电器控制电路转换为梯形图法

继电器接触器控制系统经过长期的使用,已有一套能完成系统要求的控制功能并经过验证的控制电路图,而 PLC 控制的梯形图和继电器接触器控制电路图很相似,因此可以直接将经过验证的继电器接触器控制电路图转换成梯形图。主要步骤如下:

(1)熟悉现有的继电器控制线路。

(2)对照 PLC 的 I/O 端子接线图,将继电器电路图上的被控器件(如接触器线圈、指示灯、电磁阀等)换成接线图上对应的输出点的编号,将电路图上的输入装置(如传感器、按钮开关、行程开关等)触点都换成对应的输入点的编号。

（3）将继电器电路图中的中间继电器、定时器,用 PLC 的辅助继电器、定时器来代替。

（4）画出全部梯形图,并予以简化和修改。

这种方法对简单的控制系统是可行的,比较方便,但对于较复杂的控制电路就不适用。

例 1　图 4-4 所示为电动机 Y/△减压起动控制主电路和电气控制的原理图。

（1）工作原理:按下起动按钮 SB2,KM1、KM3、KT 通电并自保,电动机接成 Y 形起动,2 s 后,KT 动作,使 KM3 断电,KM2 通电吸合,电动机接成△形运行。按下停止按钮 SB1,电动机停止运行。

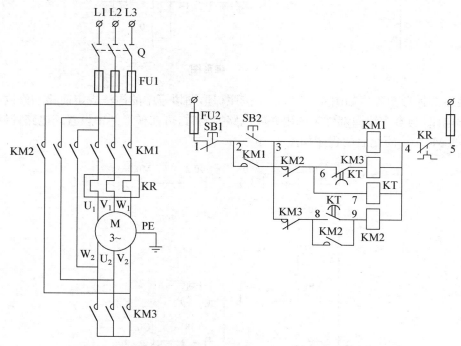

图 4-4　电动机 Y/Δ 减压起动控制主电路和电气控制的原理图

（2）I/O 分配(表 4-3)

表 4-3　I/O 分配表

输入	输出
停止按钮 SB1:I0.0 起动按钮 SB2:I0.1 过载保护 FR:I0.2	KM1:Q0.0　　KM2:Q0.1 KM3:Q0.2

(3) 梯形图(图 4-5)。

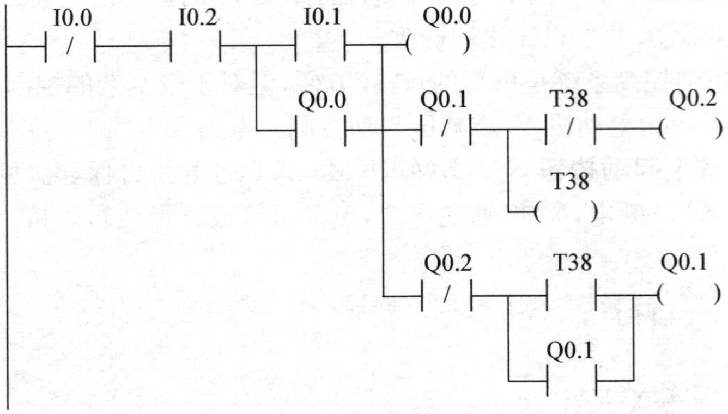

图 4-5 梯形图

转换后的梯形图程序如图 4-5 所示。按照梯形图语言中的语法规定简化和修改梯形图。为了简化电路,当多个线圈都受某一串并联电路控制时,可在梯形图中设置该电路控制的存储器的位,如 M0.0。简化后的程序如图 4-6 所示。

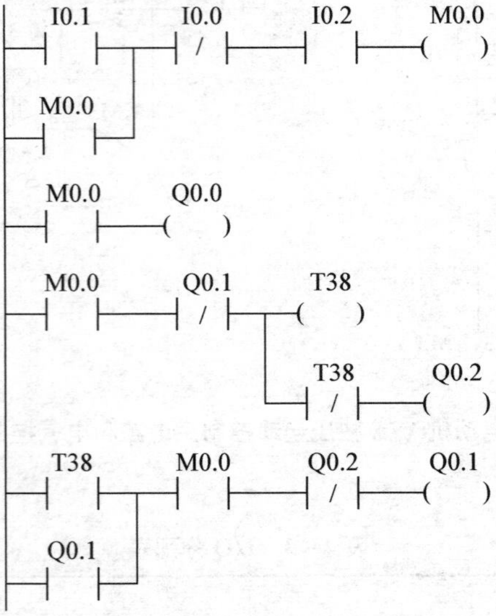

图 4-6 简化后的梯形图程序

3. 逻辑设计法

逻辑设计法是以布尔代数为理论基础,根据生产过程中各工步之间的各个检测元件(如行程开关、传感器等)状态的变化,列出检测元件的状态表,确定所需的中间记忆元件,再列出各执行元件的工序表,然后写出检测元件、中间记忆元件和执行元件的逻辑表达式,再转换成梯形图。该方法在单一的条件控制系统中,非常好用,相当于组合逻辑电路,但和时间有关的控制系统中,就很复杂。

下面将介绍一个交通信号灯的控制电路。

例2　用PLC构成交通灯控制系统。

（1）控制要求：如图4-7所示，启动后，南、北红灯亮并维持25 s。在南、北红灯亮的同时，东、西绿灯也亮，1 s后，东、西车灯即甲亮。到20 s时，东、西绿灯闪亮，3 s后熄灭，在东、西绿灯熄灭后东、西黄灯亮，同时甲灭。黄灯亮2 s后灭东、西红灯亮。与此同时，南、北红灯灭，南、北绿灯亮。1 s后，南、北车灯即乙亮。南、北绿灯亮了25 s后闪亮，3 s后熄灭，同时乙灭，黄灯亮2 s后熄灭，南、北红灯亮，东、西绿灯亮，循环。

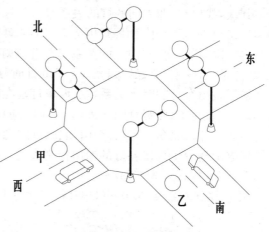

图4-7　交通灯控制示意图

（2）I/O分配（表4-4）

表4-4　I/O分配表

输入	输出	
起动按钮：I0.0	南北红灯：Q0.0	东西红灯：Q0.3
	南北黄灯：Q0.1	东西黄灯：Q0.4
	南北绿灯：Q0.2	东西绿灯：Q0.5
	南北车灯：Q0.6	东西车灯：Q0.7

（3）程序设计

根据控制要求首先画出十字路口交通信号灯的时序图，如图4-8所示。

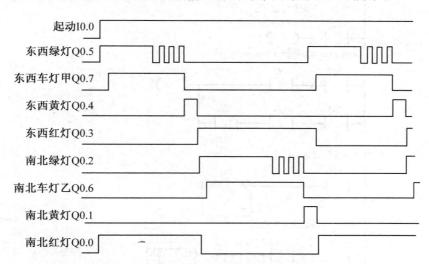

图4-8　十字路口交通信号灯的时序图

根据十字路口交通信号灯的时序图，用基本逻辑指令设计的信号灯控制的梯形图如图4-9所示。分析如下：

首先，找出南、北方向和东、西方向灯的关系：南、北红灯亮（灭）的时间=东、西红灯灭（亮）的时间，南、北红灯亮25 s（T37计时）后，东、西红灯亮30 s（T41计时）后。

其次,找出东、西方向的灯的关系:东、西红灯亮 30 s 后灭(T41 复位)→东、西绿灯平光亮 20 s(T43 计时)后→东、西绿灯闪光 3 s(T44 计时)后,绿灯灭→东、西黄灯亮 2 s(T42 计时)。

再其次,找出南、北向灯的关系:南、北红灯亮 25 s(T37 计时)后灭→南、北绿灯平光 25 s(T38 计时)后→南、北绿灯闪光 3 s(T39 计时)后,绿灯灭→南、北黄灯亮 2 s(T40 计时)。

最后找出车灯的时序关系:东、西车灯是在南、北红灯亮后开始延时(T49 计时)1 s 后,东、西车灯亮,直至东、西绿灯闪光灭(T44 延时到);南、北车灯是在东、西红灯亮后开始延时(T50 计时)1 s 后,南、北车灯亮,直至南、北绿灯闪光灭(T39 延时到)。

根据上述分析列出各灯的输出控制表达式:

东、西红灯,Q0.3＝T37　　　　　　　　南、北红灯,Q0.0＝M0.0 · T3

东、西绿灯,Q0.5＝Q0.0 · T43＋T43 · T44 · T59　南、北绿灯 Q0.2＝Q0.3 · T38＋T38 · T39 · T59

东、西黄灯,Q0.4＝T44 · T42　　　　　　南、北黄灯,Q0.1＝T39 · T40

东、西车灯,Q0.7＝T49 · T44　　　　　　南、北车灯,Q0.6＝T50 · T39

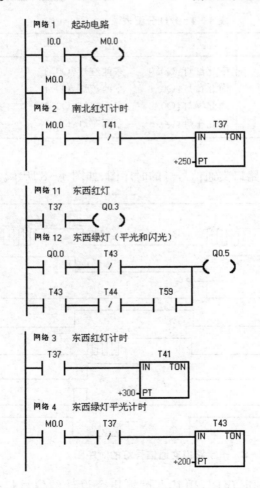

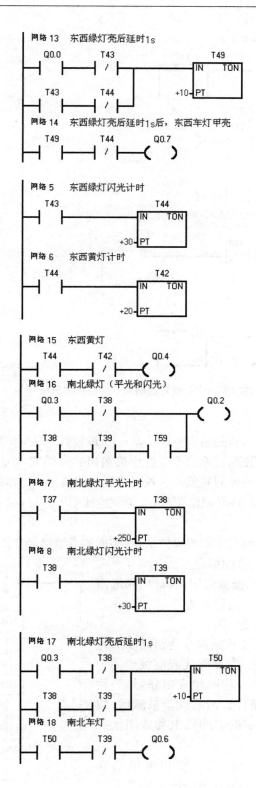

网络13　东西绿灯亮后延时1s

网络14　东西绿灯亮后延时1s后，东西车灯甲亮

网络5　东西绿灯闪光计时

网络6　东西黄灯计时

网络15　东西黄灯

网络16　南北绿灯（平光和闪光）

网络7　南北绿灯平光计时

网络8　南北绿灯闪光计时

网络17　南北绿灯亮后延时1s

网络18　南北车灯

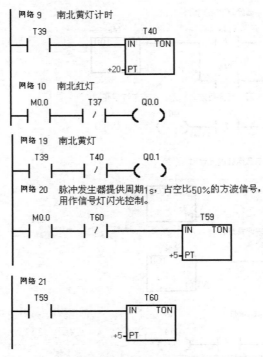

图 4 - 9　基本逻辑指令设计的信号灯控制的梯形图

4. 顺序控制设计法

根据功能流程图,以步为核心,从起始步开始一步一步地设计下去,直至完成。此法的关键是画出功能流程图。首先将被控制对象的工作过程按输出状态的变化分为若干步,并指出工步之间的转换条件和每个工步的控制对象。这种工艺流程图集中了工作的全部信息。在进行程序设计时,可以用中间继电器 M 来记忆工步,一步一步地顺序进行,也可以用顺序控制指令来实现。

用顺序控制指令来实现功能流程图的编程方法,在前面的章节已经介绍过了,在这里将重点介绍用中间继电器 M 来记忆工步的编程方法。

例 3　根据图 4 - 10 所示的功能流程图,设计出梯形图程序。将结合本例介绍几种常用的编程方法。

1) 使用起保停电路模式的编程方法

在梯形图(图 4 - 10)中,为了实现前级步为活动步且转换条件成立时,才能进行步的转换,总是将代表前级步的中间继电器的常开接点与转换条件对应的接点串联,作为代表后续步的中间继电器得电的条件。当后续步被激活,应将前级步关断,所以用代表后续步的中间继电器常闭接点串在前级步的电路中。

对于输出电路的处理应注意:Q0.0 输出继电器在 M0.1、M0.2 步中都被接通,应将 M0.1 和 M0.2 的常开接点并联去驱动 Q0.0;Q0.1 输出继电器只在 M0.2 步为活动

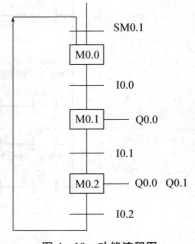

图 4 - 10　功能流程图

步时才接通,所以用 M0.2 的常开接点驱动 Q0.1。

使用起保停电路模式编制的梯形图程序如图 4-11 所示。

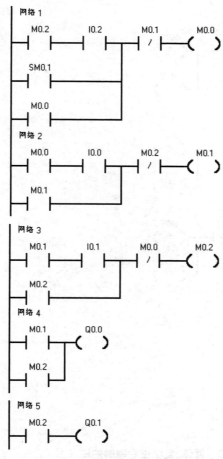

图 4-11 梯形图程序

2) 使用置位、复位指令的编程方法

S7-200 系列 PLC 有置位和复位指令,且对同一个线圈置位和复位指令可分开编程,所以可以实现以转换条件为中心的编程。

当前步为活动步且转换条件成立时,用 S 将代表后续步的中间继电器置位(激活),同时用 R 将本步复位(关断)。

图 4-10 所示的功能流程图中,如用 M0.0 的常开接点和转换条件 I0.0 的常开接点串联作为 M0.1 置位的条件,同时作为 M0.0 复位的条件。这种编程方法很有规律,每一个转换都对应一个 S/R 的电路块,有多少个转换就有多少个这样的电路块。用置位、复位指令编制的梯形图程序如图 4-12 所示。

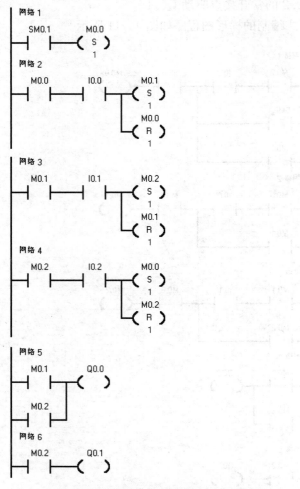

图 4 - 12　置位、复位指令编制的梯形图

3) 使用移位寄存器指令编程的方法

单流程的功能流程图各步总是顺序通断，并且同时只有一步接通，因此很容易采用移位寄存器指令实现这种控制。对于图 4 - 10 所示的功能流程图，可以指定一个两位的移位寄存器，用 M0.1、M0.2 代表有输出的两步，移位脉冲由代表步状态的中间继电器的常开接点和对应的转换条件组成的串联支路并联提供，数据输入端（DATA）的数据由初始步提供。对应的梯形图程序如图 4 - 13 所示。在梯形图中将对应步的中间继电器的常闭接点串联连接，可以禁止流程执行的过程中移位寄存器 DATA 端置"1"，以免产生误操作信号，从而保证了流程顺利执行。

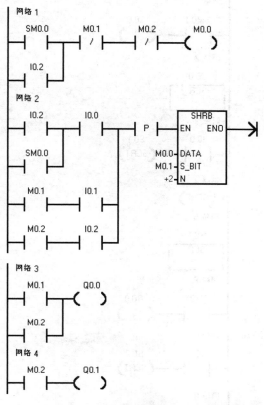

图 4-13 移位寄存器指令编制的梯形图

4）使用顺序控制指令的编程方法

使用顺序控制指令编程,必须使用 S 状态元件代表各步,如图 4-14 所示。其对应的梯形图如图 4-15 所示。

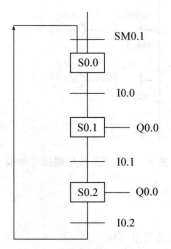

图 4-14 用 S 状态元件代表各步

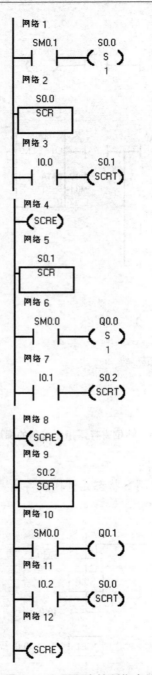

图 4 - 15　用顺序控制指令编程

五、PLC 程序设计步骤

PLC 程序设计一般分为以下几个步骤。

1. 程序设计前的准备工作

程序设计前的准备工作就是要了解控制系统的全部功能、规模、控制方式、输入/输出信号的种类和数量、是否有特殊功能的接口、与其他设备的关系、通信的内容与方式等,从而对整个控制系统建立一个整体的概念。接着进一步熟悉被控对象,可把控制对象和控制功能按照响应要求、信号用途或控制区域分类,确定检测设备和控制设备的物理位置,了解每一个检测信号和控制信号的形式、功能、规模及其之间的关系。

2. 设计程序框图

根据软件设计规格书的总体要求和控制系统的具体情况,确定应用程序的基本结构,按程序设计标准绘制出程序结构框图,然后再根据工艺要求,绘出各功能单元的功能流程图。

3. 编写程序

根据设计出的框图逐条编写控制程序。编写过程中要及时给程序加注释。

4. 程序调试

调试时先从各功能单元入手,设定输入信号,观察输出信号的变化情况。各功能单元调试完成后,再调试全部程序,调试各部分的接口情况,直到满意为止。程序调试可以在实验室进行,也可以在现场进行。如果在现场进行测试,需将可编程控制器系统与现场信号隔离,可以切断输入/输出模板的外部电源,以免引起机械设备动作。程序调试过程中先发现错误,后进行纠错。基本原则是"集中发现错误,集中纠正错误"。

5. 编写程序说明书

在说明书中通常对程序的控制要求、程序的结构流程图等给以必要的说明,并且给出程序的安装操作使用步骤等。

六、应用举例

例 1 除尘室 PLC 控制

在制药、水厂等一些对除尘要求比较严格的车间,人、物进入这些场合首先需要进行除尘处理,为了保证除尘操作的严格进行,避免人为因素对除尘要求的影响,可以用 PLC 对除尘室的门进行有效控制。下面将介绍某无尘车间进门时对人或物进行除尘的过程。

1. 控制要求

人或物进入无污染、无尘车间前,首先在除尘室严格进行指定时间的除尘才能进入车间,否则门打不开,进入不了车间。除尘室的结构如图 4 - 16 所示。图中第一道门处设有 2 个传感器:开门传感器和关门传感器;除尘室内有 2 台风机,用来除尘;第二道门上装有电磁锁和开门传感器,电磁锁在系统控制下自动锁上或打开。进入室内需要除尘,出来时不需除尘。

具体控制要求如下:

进入车间时必须先打开第一道门进入除尘室,进行除尘。当第一道门打开时,开门传感器动作,第一道门关上时关门传感器动作,第一道门关上

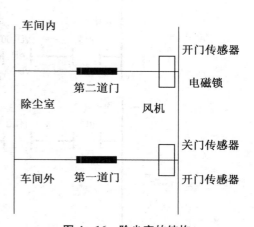

图 4 - 16 除尘室的结构

后,风机开始吹风,电磁锁把第二道门锁上并延时 20 s 后,风机自动停止,电磁锁自动打开,此时可打开第二道门进入室内。第二道门打开时相应的开门传感器动作。人从室内出来时,第

二道门的开门传感器先动作,第一道门的开门传感器才动作,关门传感器与进入时动作相同,出来时不需除尘,所以风机、电磁锁均不动作。

2. I/O 地址分配(表 4-5)

表 4-5 I/O 地址分配表

输入		输出	
第一道门的开门传感器	I0.0	风机 1	Q0.0
第一道门的关门传感器	I0.1	风机 2	Q0.1
第二道门的开门传感器	I0.2	电磁锁	Q0.2

3. 程序设计

除尘室的控制系统梯形图程序如图 4-17 所示。

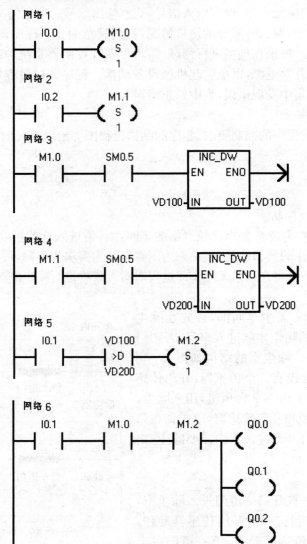

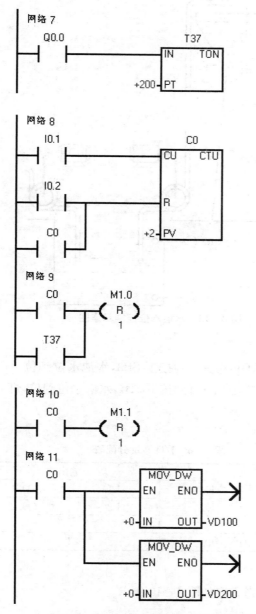

图 4 - 17 除尘室的控制系统梯形图程序

4. 程序的调试和运行

输入程序编译无误后,按除尘室的工艺要求调试程序,并记录结果。

例 2 水塔水位的模拟控制实训

用 PLC 构成水塔水位控制系统,如图 4 - 18 所示。在模拟控制中,用按钮 SB 来模拟液位传感器,用 L_1、L_2 指示灯来模拟抽水电动机。

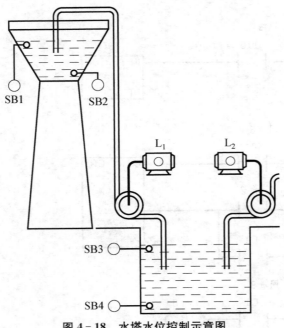

图 4 - 18 水塔水位控制示意图

1. 控制要求

按下 SB4,水池需要进水,灯 L_2 亮;直到按下 SB3,水池水位到位,灯 L_2 灭;按 SB2,表示水塔水位低需进水,灯 L_1 亮,进行抽水;直到按下 SB1,水塔水位到位,灯 L_1 灭,过 2 s 后,水塔放完水后重复上述过程即可。

2. I/O 地址分配(表 4 - 6)

表 4 - 6 I/O 地址分配表

输入		输出	
SB1	I0.1	L1	Q0.1
SB2	I0.2	L2	Q0.2
SB3	I0.3		
SB4	I0.4		

3. 程序设计

水塔水位控制的梯形图参考程序如图 4 - 19 所示。

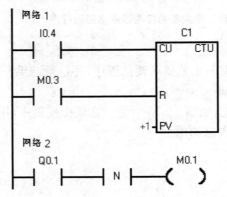

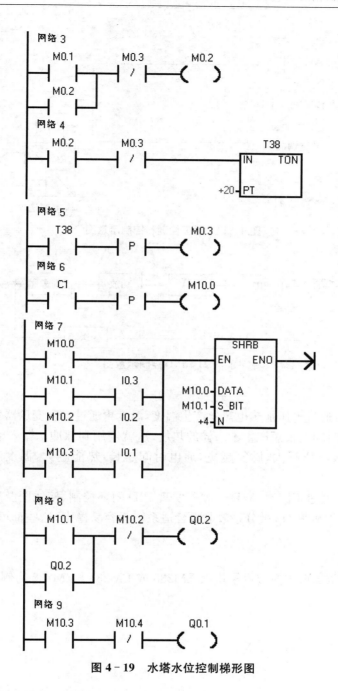

图 4-19　水塔水位控制梯形图

4. 程序的调试和运行

输入梯形图程序并按控制要求调试程序。

例 3　温度的检测与控制实训

用 PLC 构成温度的检测和控制系统,接线图及原理图如图 4-20 和图 4-21 所示。

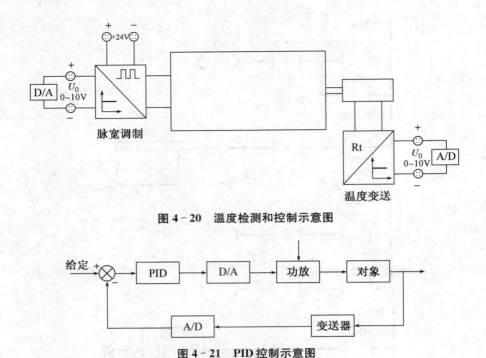

图 4-20 温度检测和控制示意图

图 4-21 PID 控制示意图

1. 控制要求

温度控制原理：通过电压加热电热丝产生温度，温度再通过温度变送器变送为电压。加热电热丝时根据加热时间的长短产生不一样的热能，这就需用到脉冲。输入电压不同就能产生不一样的脉宽，输入电压越大，脉宽越宽，通电时间越长，热能越大，温度越高，输出电压就越高。

PID 闭环控制：通过 PLC+A/D+D/A 实现 PID 闭环控制，接线图及原理图如图 4-20 和图4-21 所示。比例、积分、微分系数取得合适系统就容易稳定，这些都可以通过 PLC 软件编程来实现。

2. 程序设计

如图 4-22 所示梯形图模拟量模块以 EM235 或 EM231+EM232 为例。

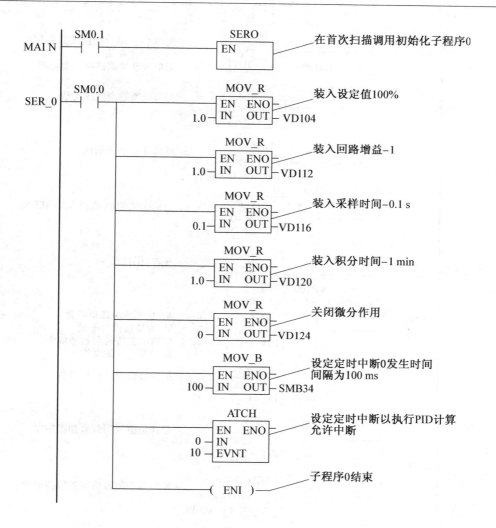

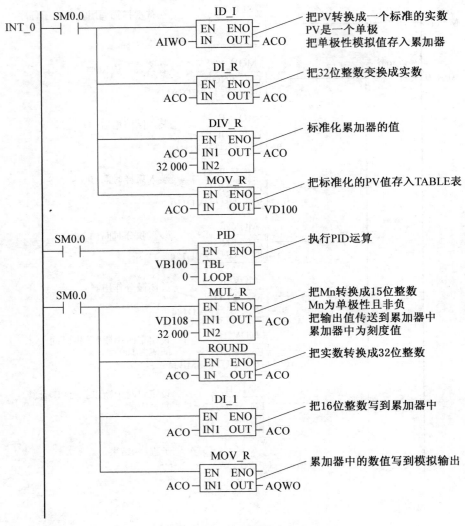

图 4－22　PID 控制梯形图

七、PLC 应用中若干问题的处理

在实际应用中，经常会遇到 I/O 点数不够的问题，可以通过增加扩展单元或扩展模块的方法解决，也可以通过对输入信号和输出信号进行处理，减少实际所需 I/O 点数的方法解决。

1. 减少输入点数的方法

（1）分时分组输入。一般系统中设有"自动"和"手动"两种工作方式，两种方式不会同时执行。将两种方式的输入分组，从而减少实际输入点。如图 4－23 所示。PLC 通过 I1.0 识别"手动"和"自动"，从而执行手动程序或自动程序。图中的二极管用来切断寄生电路。若没有二极管，转换开关在"自动"，S_1、S_2、S_3 闭合，S_4 断开，这时电流从 L＋端子流出，经 S_3、S_1、S_2 形成的寄生回路电流流入 I0.1，使 I0.1 错误的变为 ON。各开关串入二极管后，则切断寄生回路。

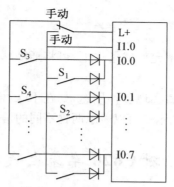

图 4 - 23　分时分组输入

（2）硬件编码，PLC 内部软件译码。如图 4 - 24 所示。

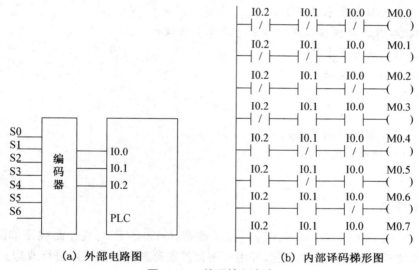

(a) 外部电路图　　　　　　(b) 内部译码梯形图

图 4 - 24　编码输入方式

（3）输入点合并。将功能相同的常闭触点串联或将常开触点并联，就只占用一个输入点。一般多点操作的起动/停止按钮、保护、报警信号可采用这种方式。如图 4 - 25 所示。

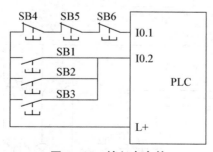

图 4 - 25　输入点合并

（4）将系统中的某些输入信号设置在 PLC 之外。系统中某些功能单一的输入信号，如一些手动操作按钮、热继电器的常闭触点就没有必要作为 PLC 的输入信号，可直接将其设置在输出驱动回路当中。

2. 减少输出点的方法

（1）在可编程控制器输出功率允许的条件下，可将通断状态完全相同的负载并联共用一个输出点。

（2）负载多功能化。一个负载实现多种用途，如在 PLC 控制中，通过编程可以实现一个指示灯的平光和闪烁，这样一个指示灯可以表示两种不同的信息，节省了输出点。

工作任务 2　PLC 对 C620 车床电气控制线路的改造

能力目标

① 学会 I/O 地址分配表的设置；
② 掌握绘制 PLC 硬件接线图的方法并能正确接线；
③ 学会编程软件的基本操作；
④ 掌握基本指令的用法。

知识目标

① 掌握高速计数指令的用法；
② 理解 PLC 控制系统的设计方法。

一、工作任务

某企业现采用 PLC 对 C620 车床进行技术改造，C620 车床电气控制线路如图 4－26 所示。请分析该控制线路图的控制功能，并用可编程控制器对其控制线路进行改造。

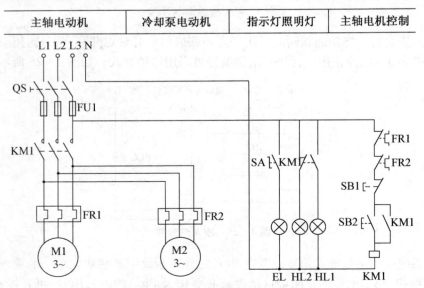

图 4－26　C620 型车床电气控制线路

二、考核内容

（1）根据图 2.24 所示原理图，分析该线路的控制功能；

（2）按控制要求完成 I/O 口地址分配表的编写；

（3）完成 PLC 控制系统硬件接线图的绘制；

（4）完成 PLC 的 I/O 口的连线；

（5）按控制要求绘制梯形图、输入并调试控制程序；

（6）考核过程中，注意"6S 管理"要求。

三、评分表（略）

（评分标准见前面评分表 4 - 1）

任务实施

一、I/O 地址分配表（表 4 - 7）

表 4 - 7　I/O 地址分配表

输入			输出		
SA	I0.0	照明开关	KM1	Q0.0	接触器
SB1	I0.1	停止	HL1	Q0.1	工作指示灯
SB2	I0.2	起动	HL2	Q0.2	停止指示灯
			EL	Q0.3	照明灯

二、PLC 硬件接线图（图 4 - 27）

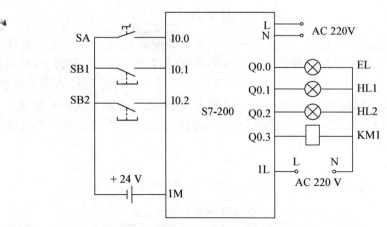

图 4 - 27　PLC 硬件接线图

三、控制程序（图 4-28）

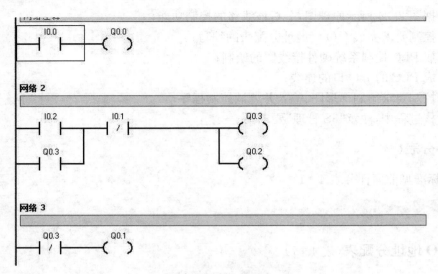

图 4-28　控制程序

四、系统调试

（1）完成接线并检查、确认接线正确；

（2）输入并运行程序，监控程序运行状态，分析程序运行结果；

（3）程序符合控制要求后再接通主电路试车，进行系统调试，直到最大限度地满足系统的控制要求为止。

高速计数器指令

在工业应用中，电动机的调速、测速及定位是常见的控制方式。为实现电动机的精确控制，经常使用编码器将电动机的转速转换为高频脉冲信号，反馈至 PLC，通过 PLC 对高频脉冲的计数和相关编程实现对电动机的各种控制。PLC 中普通计数器受到扫描周期的影响，对高速脉冲的计数可能会出现脉冲丢失现象，导致计数不准确，也就不能实现精确控制。

PLC 提供的高速计数器独立于扫描周期之外，可以对脉宽小于扫描周期的高速脉冲准确计数，高速脉冲频率最高可达 30 kHz。

1. 高速计数器指令

HDEF、HSC 指令的梯形图及指令表格式见表 4-8。操作数见表 4-9。

表 4-8　HDEF、HSC 指令的基本格式

名　　称	定义高速计数器	高速计数器运行控制
指令	HDEF	HSC
指令表格式	HDEF HSC，MODE	HSC N

（续表）

名　　称	定义高速计数器	高速计数器运行控制
梯形图格式	HDEF EN ENO HSC MODE	HSC EN ENO N

表 4-9　HDEF、HSC 指令的操作数

指　　令	输入/输出	操作数	数据类型
HDEF	HSC	常数(0～5)	BYTE
	MODE	常数(0～11)	BYTE
HSC	N	常数(0～5)	WORD

S7-200 系列 PLC 中规定了 6 个高速计数器编号，在程序中使用时用 HCn 来表示（在非程序中一般用 HSCn）高速计数器的地址，n 的取值范围为 0～5。HCn 还表示高速计数器的当前值，该当前值是一个只读的 32 位双字，可使用数据传送指令随时读出计数当前值。不同的 CPU 模块中可使用的高速计数器是不同的，CPU221、CPU222 可以使用 HC0、HC3、HC4 和 HC5；CPU224、CPU226 可以使用 HC0～HC5。

2. 指令功能

HDEF　定义高速计数器指令，"HSC"端口指定高速计数器编号，"MODE"端口指定具体的运行模式（各高速计数器最多有 12 种工作模式）。EN 端口执行条件存在时，HDEF 指令可指定具体的高速计数器编号，并将其与某一工作模式联系起来。在一个程序中，每一个高速计数器只能且必须使用一次 HDEF 指令。

HSC　高速计数器指令，根据高速计数器特殊存储器位的设置，按照 HDEF 指令指定的工作模式，控制高速计数器的工作。

3. 高速计数器编号、运行模式及输入端子分配

每一高速计数器都有多种运行模式，其使用的输入端子各有不同，主要分为脉冲输入端子、方向控制输入端子、复位输入端子、启动输入端子等。下面以表 4-10、表 4-11 予以说明。

从表中可以看出，高速计数器运行模式主要分为 4 类。

（1）带内部方向控制的单相增/减计数器。它有一个计数输入端，没有外部方向控制输入信号。计数方向由内部控制字节中的方向控制位设置，只能进行单向增计数或减计数。如 HSC0 的模式 0，其计数方向控制位为 SM37.3，当该位为 0 时为减计数，该位为 1 时为增计数。

（2）带外部方向控制的单相增/减计数器。它有一个计数输入端，由外部输入信号控制计数方向，只能进行单向增计数或减计数。如 HSC1 的模式 3，I0.7 为 0 时为减计数，I0.7 为 1 时为增计数。

表 4-10 HSC0、HSC3、HSC4、HSC5 的运行模式和输入端子分配

模式	HSC0			HSC3	HSC4			HSC5
	I0.0	I0.1	I0.2	I0.1	I0.3	I0.4	I0.5	I0.4
0	计数	—	—	计数	计数	—	—	计数
1	计数	—	复位	—	计数	—	复位	—
2	—	—	—	—	—	—	—	—
3	计数	方向	—	—	计数	方向	—	—
4	计数	方向	复位	—	计数	方向	复位	—
5								
6	增计数	减计数	—	—	增计数	减计数		—
7	增计数	减计数	复位	—	增计数	减计数	复位	—
8	—	—	—	—	—	—	—	—
9	A相	B相	—	—	A相	B相		—
10	A相	B相	复位	—	A相	B相	复位	—
11								

表 4-11 HSC1、HSC2 的运行模式和输入端子分配

模式	HSC1				HSC2			
	I0.6	I0.7	I1.0	I1.1	I1.2	I1.3	I1.4	I1.5
0	计数	—	—	—	计数	—	—	—
1	计数	—	复位	—	计数	—	复位	—
2	计数	—	复位	启动	计数	—	复位	启动
3	计数	方向	—	—	计数	方向	—	—
4	计数	方向	复位	—	计数	方向	复位	—
5	计数	方向	复位	启动	计数	方向	复位	启动
6	增计数	减计数	—	—	增计数	减计数	—	—
7	增计数	减计数	复位	—	增计数	减计数	复位	启动
8	增计数	减计数	复位	启动	增计数	减计数	复位	启动
9	A相	B相	—	—	A相	B相	—	—
10	A相	B相	复位	—	A相	B相	复位	—
11	A相	B相	复位	启动	A相	B相	复位	启动

（3）带增减计数输入的双向计数器。它有 2 个计数输入端，一个为增计数输入，一个为减计数输入。增计数输入端有一个脉冲到达时，计数器当前值增加 1；减计数输入端有一个脉冲到达时，计数器当前值减少 1。若增计数脉冲与减计数脉冲相隔时间大于 0.3 ms，高速计数器

就能够正确计数,若相隔时间小于 0.3 ms,高速计数器认为两个脉冲同时发生,计数器当前值不变。

(4) A/B 相正交计数器。它有 2 个计数输入端 A 相和 B 相,A/B 相正交计数器利用 2 个输入脉冲的相位确定计数方向。A 相脉冲上升沿超前于 B 相脉冲上升沿时为增计数,反之则为减计数。

根据高速计数器号和模式的不同,以上 4 类运行模式还可增加复位端和启动端。当复位输入有效时,将清除计数器当前值并保持到复位输入无效。当起动输入有效时,则表示允许高速计数器计数,启动输入无效时,计数器忽略计数脉冲的输入,当前值保持不变。

4. 高速计数器控制位、当前值/预置值设置及状态位定义

要正确使用高速计数器,除用好这两个指令外,还要正确设置高速计数器的控制字节及当前值与预置值。而状态位则表明了高速计数器的运行状态,可以作为编程的参考点。

各高速计数器控制字节及其功能见表 4-12。复位及启动输入可以设置其高电平有效还是低电平有效;A/B 相正交计数器模式中可以设置计数器计数速率是按外部脉冲速率(1X),还是按 4 倍外部脉冲速率(4×);可设置在高速计数器运行过程中能否修改计数方向、当前值和预置值;通过各最高位还可控制高速计数器的运行和禁止。

表 4-12 高速计数器的控制字节

控制位功能	HSC0	HSC1	HSC2	HSC3	HSC4	HSC5
计数方向控制位:0(减计数);1(增计数)	SM37.3	SM47.3	SM57.3	SM137.3	SM147.3	SM157.3
向 HSC 中写入计数方向:0(不更新);1(更新计数方向)	SM37.4	SM47.4	SM57.4	SM137.4	SM147.4	SM157.4
向 HSC 中写入预置值:0(不更新);1(更新预置值)	SM37.5	SM47.5	SM57.5	SM137.5	SM147.5	SM157.5
向 HSC 中写入新的当前值:0(不更新);1(更新当前值)	SM37.6	SM47.6	SM57.6	SM137.6	SM147.6	SM157.6
HSC 允许:0(禁止 HSC);1(允许 HSC)	SM37.7	SM47.7	SM57.7	SM137.7	SM147.7	SM157.7

表 4-13 为当前值和预置值装载单元分配表。当前值和预置值都是 32 位带符号整数。必须先将当前值和预置值存入表 4-15 所示的特殊存储器中,然后执行 HSC 指令,才能够将新值送入高速计数器当中。

表 4-13 当前值和预置值装载单元分配表

要装入的值	HSC0	HSC1	HSC2	HSC3	HSC4	HSC5
初始当前值	SMD38	SMD48	SMD58	SMD138	SMD148	SMD158
预置值	SMD42	SMD52	SMD62	SMD142	SMD152	SMD162

表 4-14 为高速计数器状态字节,其中某些位指出了当前计数方向、当前值与预置值是否

相等、当前值是否大于预置值的状态。可以通过监视高速计数器的状态位产生相应中断,完成重要操作。但要注意,状态位只有在执行高速计数器终端程序时才有效。

表 4 - 14　高速计数器状态字节

状态位功能	HSC0	HSC1	HSC2	HSC3	HSC4	HSC5
不用	SM36.0～SM36.4	SM46.0～SM46.4	SM56.0～SM56.4	SM136.0～SM136.4	SM146.0～SM146.4	SM156.0～SM156.4
当前计数方向状态位:0(减计数);1(增计数)	SM36.5	SM46.5	SM56.5	SM136.5	SM146.5	SM156.5
当前值等于预置值状态位:0(不等);1(相等)	SM36.6	SM46.6	SM56.6	SM136.6	SM146.6	SM156.6
当前值大于预置值状态位:0(小于等于);1(大于)	SM36.7	SM46.7	SM56.7	SM136.7	SM146.7	SM156.7

表 4 - 15　特殊存储器

状态位功能	HSC0	HSC1	HSC2	HSC3	HSC4	HSC5
当前值等于预置值状态位:0(不等);1(相等)	SM36.6	SM46.6	SM56.6	SM136.6	SM146.6	SM156.6
当前值大于预置值状态位:0(小于等于);1(大于)	SM36.7	SM46.7	SM56.7	SM136.7	SM146.7	SM156.7

5. 高速计数器设置过程

为更好地理解和使用高速计数器,下面给出高速计数器的一般设置过程。

(1) 使用初始化脉冲触点 SM0.1 调用高速计数器初始化操作子程序。这个结构可以使系统在后续的扫描过程中不再调用这个子程序,从而减少了扫描时间,且程序更加结构化。

(2) 在初始化子程序中,对相应高速计数器的控制字节写入希望的控制字。如要使用 HSC1,则对 SMB47 写入 16♯F8(2♯11111000),表示允许高速计数器运行,允许写入新的当前值,允许写入新的预置值,可以改变计数器方向,置计数器的计数方向为增,置起动和复位输入为高电平有效。

(3) 执行 HDEF 指令,根据所选计数器号和运行模式将高速计数器号与具体运行模式进行连接。

(4) 在所选计数器号对应的当前值单元内装入所希望的当前值,若装入 0,则清除当前值。

(5) 在所选计数器号对应的预置值单元内装入所希望的预置值。

(6) 为捕获高速计数器对应的中断事件(当前值等于预置值、计数方向改变、外部复位),编写相应的中断程序,并参考表 4 - 16 所示的中断事件及其优先级,用 ATCH 中断连接指令建立中断事件和中断程序的联系。

(7) 执行全局中断允许指令(ENI)来允许高速计数器中断。

(8) 执行 HSC 指令,使高速计数器开始运行。

6. 高速计数器应用举例

图 4-29 中为使用高速计数器指令、变频器及光电码盘实现三相异步电动机的起动及二级减速自动定位控制系统。由于高速运行的交流电动机转动惯量较大，所以在高速下定位精度很低，必须采用减速的方式减小转动惯量，最后在低速运行时实现准确定位。在本例的控制中，电动机每次启动后运行距离均相等，所以使用光电码盘反馈方式进行二级减速及定位控制。控制程序如图 4-30 所示。I/O 分配见表 4-17。

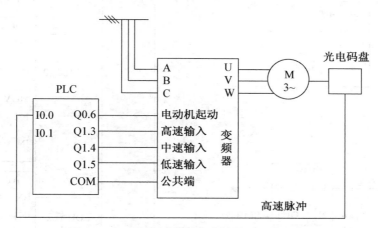

图 4-29 三相异步电动机定位控制系统示意图

表 4-17 三相异步电动机定位控制系统 I/O 分配表

输入触点	功能说明	输出线圈	功能说明
I0.0	光电码盘脉冲输入	Q0.6	电动机运行驱动输出
I0.1	电动机起动按钮	Q1.3	高速运行输出
		Q1.4	中速运行输出
		Q1.5	低速运行输出

（1）使用 SM0.1 调用了一个初始化子程序 INIT，在该子程序中，定义了高速计数器 HSC0 的模式为 0，并且装入了预置值 52 000，启动了 HSC0 当前值等于预置值中断 EQUAL1。

（2）起动电动机时，直接使其进入高速运行状态，同时起动高速计数。

（3）在中断程序 EQUAL1 中，使电动机运行在中速状态（Q1.3 复位，Q1.4 置位），并修改预置值为 62 000，同时使 HSC0 当前值等于预置值中断指向中断程序 EQUAL2。读者可根据 EQUAL1 写出中断程序 EQUAL2 和 EQUAL3。

（4）在中断程序 EQUAL2 中，使电动机运行在低速状态（Q1.4 复位，Q1.5 置位），并修改预置值为 70 000，同时使 HSC0 当前值等于预置值中断指向中断程序 EQUAL3。

（5）在中断程序 EQUAL3 中，停止电动机，并使低速运行控制位 Q1.5 复位。

7. 高速脉冲输出指令

高速脉冲输出功能可以使 PLC 在指定的输出点产生高速的 PWM（脉宽调制）脉冲或输出频率可变的 PTO 脉冲，用于步进电动机和直流伺服电动机的定位控制和调速。使用高速

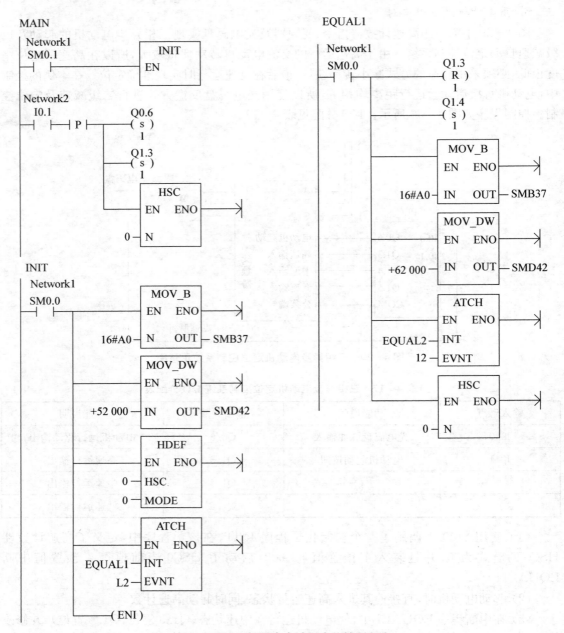

图 4 - 30　三相异步电动机定位控制程序

脉冲输出功能时,CPU 模块应选择晶体管输出型,以满足高速脉冲输出的频率要求。

1) 高速脉冲输出指令

PLS 指令的梯形图及指令表格式见表 4 - 18。

表 4-18　PLS 指令的基本格式

名　称	高速脉冲输出
指令	PLS
指令表格式	PLS Q
梯形图格式	PLS EN ENO Q

2）指令功能

PLS　脉冲输出指令。在 EN 端口执行条件存在时，检测脉冲输出特殊存储器的状态，然后激活所定义的脉冲操作，从 Q 端口指定的数字输出端口输出高速脉冲。

PLS 指令可在 Q0.0 和 Q0.1 两个端口输出可控的 PWM 脉冲和 PTO 高速脉冲串波形。由于只有两个高速脉冲输出端口，所以 PLS 指令在一个程序中最多使用两次。高速脉冲输出和输出映像寄存器共同对应 Q0.0 和 Q0.1 端口，但 Q0.0 和 Q0.1 端口在同一时间只能使用一种功能。在使用高速脉冲输出时，两输出点将不受输出映像寄存器、立即输出指令和强制输出的影响。

3）高速脉冲输出所对应的特殊标志寄存器

为定义和监控高速脉冲输出，系统提供了控制字节、状态字节和参数设置寄存器。各寄存器分配见表 4-19。

表 4-19　高速脉冲输出的特殊寄存器分配

Q0.0 对应寄存器	Q0.1 对应寄存器	功能描述
SMB66	SMB76	状态字节，PTO 方式下，监控脉冲串的运行状态
SMB67	SMB77	控制字节，定义 PTO/PWM 脉冲的输出格式
SMW68	SMW78	设置 PTO/PWM 脉冲的周期值，范围：2～65 535
SMW70	SMW80	设置 PWM 的脉冲宽度值，范围：0～65 535
SMD72	SMD82	设置 PTO 脉冲串的输出脉冲数，范围：1～4 294 967 295
SMB166	SMB176	设置 PTO 多段操作时的段数
SMW168	SMW178	设置 PTO 多段操作时包络表的起始地址，使用从变量寄存器 V0 开始的字节偏移表示

（1）状态字节　每个高速脉冲输出都有一个状态字节，监控并记录程序运行时某些操作的相应状态。可以通过编程来读取相关位状态。表 4-20 是具体状态字节功能。

（2）控制字节　通过对控制字节的设置，可以选择高速脉冲输出的时间基准、具体周期、输出模式（PTO/PWM）、更新方式等，是编程时初始化操作中必须完成的内容。表 4-21 是各控制位具体功能。

表 4 - 20　高速脉冲输出状态字节功能

状态位功能	Q0.0	Q0.1
不用位	SM66.0～SM66.3	SM76.0～SM76.3
PTO 包络由于增量计算错误终止:0(无错误);1(终止)	SM66.4	SM76.4
PTO 包络由于用户命令终止:0(无错误);1(终止)	SM66.5	SM76.5
PTO 管线上溢/下溢:0(无溢出);1(溢出)	SM66.6	SM76.6
PTO 空闲:0(执行中);1(空闲)	SM66.7	SM76.7

表 4 - 21　高速脉冲输出控制位功能

控制位功能	Q0.0	Q0.1
PTO/PWM 周期更新允许:0(不更新);1(允许更新)	SM67.0	SM77.0
PWM 脉冲宽度值更新允许:0(不更新);1(允许更新)	SM67.1	SM77.1
PTO 脉冲数更新允许: 0(不更新);1(允许更新)	SM67.2	SM77.2
PTO/PWM 时间基准选择:0—μs 时基单位;1—(ms 时基单位)	SM67.3	SM77.3
PWM 更新方式:0(异步更新);1(同步更新)	SM67.4	SM77.4
PTO 单/多段选择:0(单段管线);1(多段管线)	SM67.5	SM77.5
PTO/PWM 模式选择:0(PTO 模式);1(PWM 模式)	SM67.6	SM77.6
PTO/PWM 脉冲输出允许:0(禁止脉冲输出);1(允许脉冲输出)	SM67.7	SM77.7

工作任务 3　PLC 对 C6140 车床电气控制线路的改造

能力目标

① 学会 I/O 地址分配表的设置;
② 掌握绘制 PLC 硬件接线图的方法并能正确接线;
③ 学会编程软件的基本操作;
④ 掌握基本指令的用法。

知识目标

① 掌握跳转指令、子程序的用法;
② 理解 PLC 控制系统的设计方法。

一、工作任务

某企业现需对 C6140 车床进行 PLC 技术改造,C6140 车床电气控制线路如图 4 - 31 所示。请分析该控制线路图的控制功能,并用可编程控制器对其控制线路进行改造。

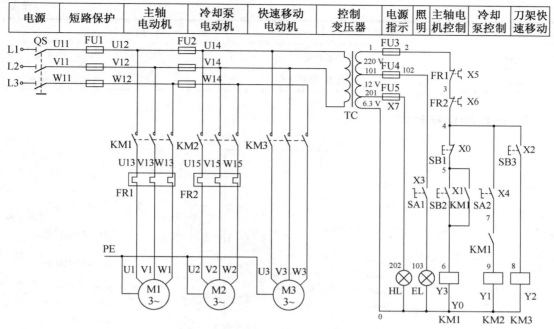

图 4 - 31　C6140 型车床电气控制线路

二、考核内容

（1）根据图 4 - 31 所示原理图，分析该线路的控制功能；

（2）按控制要求完成 I/O 口地址分配表的编写；

（3）完成 PLC 控制系统硬件接线图的绘制；

（4）完成 PLC 的 I/O 口的连线；

（5）按控制要求绘制梯形图、输入并调试控制程序；

（6）考核过程中，注意"6S 管理"要求。

三、评分表（略）

（评分标准见前面评分表 4 - 1）

任务实施

一、I/O 地址分配表（表 4 - 22）

表 4 - 22　I/O 地址分配表

输入			输出		
SB1	I0.0	停止	KM1	Q0.0	控制 M1 电动机
SB2	I0.1	起动	KM2	Q0.1	控制 M2 电动机
SB3	I0.2	快速移动	KM3	Q0.2	控制 M2 电动机

（续表）

输入			输出		
SA1	I0.3	照明开关	HL	Q0.3	照明灯
SA2	I0.4	冷却泵开关	EL	Q0.4	电源指示

二、PLC 硬件接线图（图 4－32）

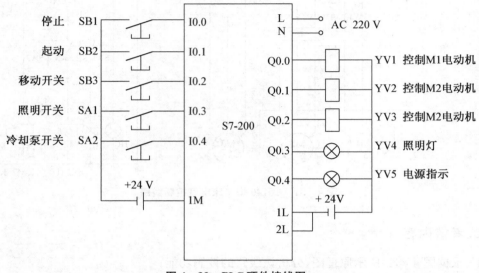

图 4－32　PLC 硬件接线图

三、控制程序（图 4－33）

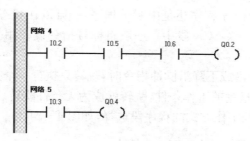

图4-33　控制程序

四、系统调试

（1）完成接线并检查、确认接线正确；

（2）输入并运行程序，监控程序运行状态，分析程序运行结果；

（3）程序符合控制要求后再接通主电路试车，然后再进行系统调试，直到最大限度地满足系统的控制要求为止。

知识链接

一、跳转指令

跳转指令使程序流程跳转到指定标号 N 处的程序分支执行。标号指令标记跳转目的地的位置 N。具体见表4-23。

表4-23　跳转及标号指令

指令的表达形式		操作数的含义及泛围
N —（ JMP ）	N —| LBL	N：常数0～255

例如，

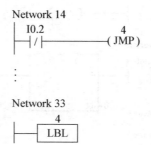

使用跳转指令需注意以下几点：

（1）由于跳转指令具有选择程序段的功能。在同一程序且位于因跳转而不会被同时执行程序段中的同一线圈不被视为双线圈。

（2）可以有多条跳转指令使用同一标号，但不允许一个跳转指令对应2个标号的情况，即在同一程序中不允许存在2个相同的标号。

（3）可以在主程序、子程序或者中断服务程序中使用跳转指令，跳转与之相应的标号必须位于同一段程序中(无论是主程序、子程序还是中断子程序)。可以在状态程序段中使用跳转指令,但相应的标号也必须在同一个 SCR 段中。一般将标号指令设在相关跳转指令之后,这样可以减少程序的执行时间。

(4)在跳转条件中引入上升沿或下降沿脉冲指令时,跳转只执行一个扫描周期,但若用特殊辅助继电器 SM0.0 作为跳转指令的工作条件,跳转就成为无条件跳转。

例1 设备的手动、自动两种工作方式的程序段选择,如图 4-34。

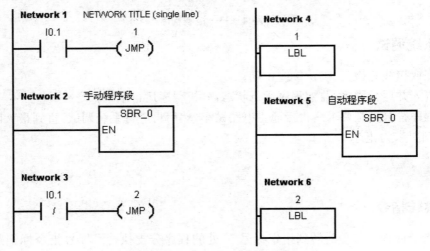

图 4-34 手动/自动选择程序

例2 跳转程序初始化程序见图 4-35。

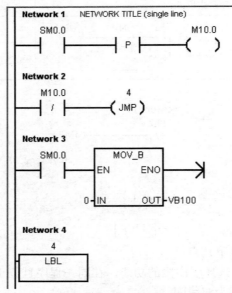

图 4-35 跳转程序用于程序初始化

二、子程序指令

子程序是结构化编程的有效工具,它可以把功能独立的,且需要多次使用的部分程序单独编写,供主程序调用。子程序能够使程序结构清晰、功能明确,并且简单易读。要使用子程序,首先要建立子程序,然后才能调用子程序。

1. 建立子程序

可以选择编程软件"编辑"菜单中的"插入"子菜单下的"子程序"命令来建立一个新的子程序。默认的子程序名为 SBR_N,编号 N 的范围为 0～63,从 0 开始按顺序递增,也可以通过重命名命令为子程序改名。每一个子程序在程序编辑区内都有一个单独的页面,选中该页面后就可以进行编辑了,其编辑方法与主程序完全一样。

2. CALL、CRET 指令

1) 指令梯形图与指令表格式

指令的梯形图和指令表格式见表 4 - 24。

表 4 - 24　CALL、CRET 指令的基本格式

名　　称	子程序调用	子程序结束
指令	CALL	CRET
指令表	CALL SBR_N	CRET
梯形图	SBR_N —EN	—(RET)

2) 指令功能

CALL　子程序调用指令。当 EN 端口执行条件存在时,将主程序转到子程序入口开始执行子程序。SBR_N 是子程序名,标志子程序入口地址。在编辑软件中,SBR_N 随着子程序名称的修改而自动改变。

CRET　有条件子程序返回指令。在其逻辑条件成立时,结束子程序执行,返回主程序中的子程序调用处继续向下执行。

3) 指令应用举例

子程序调用应用如图 4 - 36 所示。

(1) 在 I0.0 闭合期间,调用子程序 SBR_0,子程序所有指令执行完毕,返回主程序调用处,继续执行主程序。每个扫描周期子程序运行一次,直到 I0.0 断开。在子程序调用期间,若 I0.1 闭合,则线圈 Q0.0 接通。

(2) 在 M0.0 闭合期间,调用子程序 DIANJI,执行过程同子程序 SBR_0。在子程序 DIANJI 执行期间,若 I0.3 闭合,则线圈 Q0.1 接通;I0.4 断开且 I0.5 闭合,则 MOV_B 指令执行;若 I0.4 闭合,则执行有条件子程序返回指令 CRET,程序返回主程序继续执行,MOV_B 指令不运行。

4) 指令说明

(1) CRET 多用于子程序内部,在条件满足时起结束子程序的作用。在子程序的最后,编

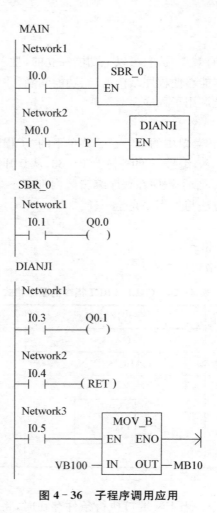

图 4－36　子程序调用应用

程软件将自动添加子程序无条件结束指令 RET。

（2）子程序可以嵌套运行，即在子程序内部又对另一子程序进行调用。子程序的嵌套深度最多为 8 层。图 4－37 为子程序调用执行过程。在中断程序中仅能有一次子程序调用。可以进行子程序自身的递归调用，但使用时要慎重。

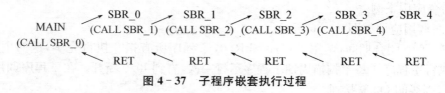

图 4－37　子程序嵌套执行过程

（3）当一个子程序被调用时，系统自动保存当前的堆栈数据，并把栈顶值置 1，堆栈中的其他值为 0，子程序完全占有控制权。子程序执行结束时，通过子程序结束指令自动恢复原来的逻辑堆栈值，调用程序重新取得控制权。

（4）累加器 AC 可以在调用程序和被调子程序之间自由传递数据，所以累加器的值在子程序调用时既不保存又不恢复。

5) 带参数的子程序调用

可以带参数调用子程序,这种方式扩大了子程序的使用范围,增加了调用的灵活性。

(1) 子程序参数定义。子程序中最多可带 16 个参数。参数定义在子程序的局部变量表中,见表 4-25。每个参数都包含变量名、变量类型和数据类型。

表 4-25　局部变量表参数定义

局部变量(L) 地址	变量名 (Name)	参数类型 (Var. Type)	数据类型 (Data Type)	说　明 (Comments)
无	EN	IN	BOOL	指令使能输入参数
LB0	INPUT1	IN	BYTE	
L1.0	INPUT2	IN	BOOL	
LD2	INPUT3	IN	DWORD	
LW6	TRANS	IN_OUT	WORD	
LD8	OUTPUT1	OUT	DWORD	
LD12	OUTPUT2	OUT	DWORD	

① 变量名　最多由 8 个字符组成,第一字符不能为数字。

② 变量类型　子程序中按变量对数据的传递方向规定了 3 种变量类型。

IN 类型　输入子程序参数。所指定参数可以是直接寻址、间接寻址、常数和数据地址值。

IN_OUT 类型　输入输出子程序参数。所指定参数的值传到子程序,子程序运行完毕,其结果被返回相同地址。常数和数据地址值不允许作为该类参数。

OUT 类型　输出子程序参数。将子程序的运行结果值返回指定参数位置。常数和数据地址值不允许作为该类参数。

TEMP 类型　临时变量。只能在程序内部暂时存储数据,不能用于和主程序传递参数。

③ 数据类型　局部变量表中必须对每个参数的数据类型进行声明。共有 8 种数据类型。

能流布尔型。仅能对位输入操作,是位逻辑运算的结果。在局部变量表中布尔能流输入必须在第一行,对 EN 端口进行定义。

布尔型。用于单独的位输入和输出。

字节、字、双字型。分别声明 1 个字节、2 个字节和 4 个字节的无符号输入和输出参数。

整数、双整数型。分别声明一个 2 字节或 4 字节的有符号输入和输出参数。

实型。声明一个 32 位浮点参数。

(2) 子程序中参数使用规则。

① 常数作为参数调用子程序时,必须对常数作数据类型说明,否则常数可能会被当作不同类型使用。如对 INPUT 3 参数,若以常数 123456 作为参数,则需要声明为 DW♯123456。

② 参数传递中没有数据类型自动转换功能。如局部变量表中声明一个实型参数,而在调用时程序中使用的是双字,则子程序中的值就是双字。

③ 子程序调用时,输入参数值被复制到子程序的局部存储器中;当子程序运行结束,则从局部存储器中复制输出参数值到指定的输出参数地址。

④ 局部存储器定义好后,若在梯形图编辑方式下,则子程序指令盒自动生成参数设置端

口。若在指令表编辑方式下,则参数一定要按照输入参数、输入输出参数、输出参数的顺序排列。对应于表 4 - 25 的局部变量表的带参数的子程序调用格式如图 4 - 38 所示。

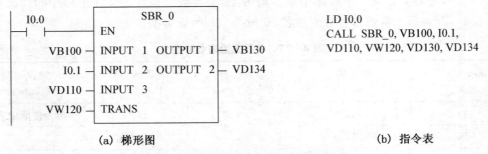

(a) 梯形图　　　　　　　　　　　　　　　　　　　　(b) 指令表

图 4 - 38　带参数的子程序调用格式

工作任务 4　PLC 对某液压系统中单缸连续自动往返复回路电气控制的改造

能力目标

① 学会 I/O 地址分配表的设置;
② 掌握绘制 PLC 硬件接线图的方法并能正确接线;
③ 学会编程软件的基本操作;
④ 掌握基本指令的用法。

知识目标

① 掌握模拟量模块的用法;
② 理解 PLC 控制系统的设计方法。

一、工作任务

某企业现采用 PLC 对某液压系统中单缸连续自动往返回路的电气控制线路进行技术改造,单缸连续自动往返回路原理图如图 4 - 39 所示,单缸连续自动往返控制回路电气控制线路如图 4 - 40 所示。请分析该控制线路图的控制功能,并用可编程控制器对其控制线路进行改造。

二、考核内容

(1) 根据图 4 - 39 所示原理图,分析该线路的控制功能;

(2) 按控制要求完成 I/O 口地址分配表的编写;

(3) 完成 PLC 控制系统硬件接线图的绘制;

(4) 完成 PLC 的 I/O 口的连线;

(5) 按控制要求绘制梯形图、输入并调试控制程序;

(6) 考核过程中,注意“6S 管理”要求。

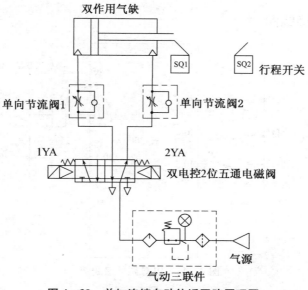

图 4-39　单缸连续自动往返回路原理图

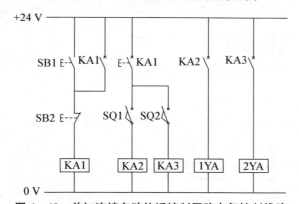

图 4-40　单缸连续自动往返控制回路电气控制线路

三、评分表(略)

(评分标准见前面评分表 4-1)

任务实施

一、I/O 地址分配表(表 4-26)

表 4-26　I/O 地址分配表

输入			输出		
I0.0	SB1	起动	Q0.0	YA1	减压阀
I0.1	SB2	停止	Q0.1	YA1	换向阀
I0.2	SQ1	限位 1			
I0.3	SQ2	限位 2			

二、PLC 硬件接线图（图 4 - 41）

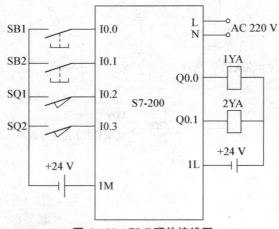

图 4 - 41　PLC 硬件接线图

三、控制程序（图 4 - 42）

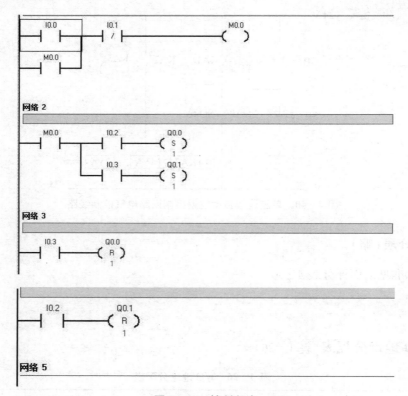

图 4 - 42　控制程序

四、系统调试

（1）完成接线并检查、确认接线正确；

（2）输入并运行程序，监控程序运行状态，分析程序运行结果；

（3）程序符合控制要求后再接通主电路试车，然后再进行系统调试，直到最大限度地满足系统的控制要求为止。

S7-200 系列 PLC 模拟量 I/O 模块

S7-200 系列 PLC 模拟量 I/O 模块主要有 EM231 模拟量 4 路输入、EM232 模拟量 2 路输出和 EM235 模拟量 4 输入/1 输出混合模块 3 种，另还有专门用于温度控制的 EM231 模拟量输入热电偶模块和 EM231 模拟量输入热电阻模块。

1. EM231 模拟量输入模块的数据格式（表 4-27）

表 4-27　模拟量输入数据的数字量格式

MSB ... LSB

单极性数据格式															
15	14	13	12	11	10	9	8	7	6	5	4	3	2	1	0
0	数据值 12 位												0	0	0

双极性数据格式															
15	14	13	12	11	10	9	8	7	6	5	4	3	2	1	0
数据值 12 位												0	0	0	0

2. EM231 模拟量输入模块的性能

EM231 模拟量输入模块的性能主要有以下几项，使用时要特别注意输入信号的规格，不得超出其使用极限值。

（1）数据格式：对单极性为 $-32\,000 \sim +32\,000$，对双极性为 $0 \sim 32\,000$。

（2）输入阻抗：大于等于 $10\ \mathrm{M\Omega}$。

（3）最大输入电压：30VDC。

（4）最大输入电流：32 mA。

（5）分辨率：最小满量程电压输入时为 1.25 mV；电流输入时为 5 μA。

（6）输入类型：差分输入型。

（7）输入电压电流范围：输入电压范围，0～5 V 或 0～10 V（单极性）；±5 V 或±2.5 V（双极性）

（8）输入电流范围：0～20 mA。

（9）模拟量到数字量的转换时间：小于 250 μs。

3. EM231 模拟量输入模块输入信号的整定

表 4-28 为模拟量模块右下侧的 DIP 设置开关。图 4-43 为 EM231 模拟量输入模块端子及 DIP 开关示意图。

表 4-28　DIP 设置开关

单极性			满量程输入	分辨率	双极型			满量程输入	分辨率
SW1	SW2	SW3			SW1	SW2	SW3		
ON	OFF	ON	0～10 V	2.5 mV	OFF	OFF	ON	±5 V	2.5 mV
	ON	OFF	0～5 V	1.25 mV		ON	OFF	+2.5 V	1.25 mV
			0～20 mA	5 μA					

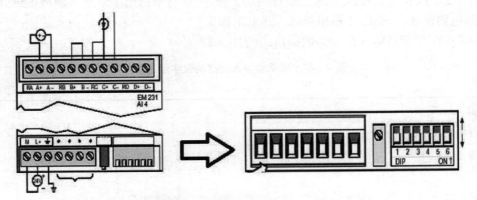

图 4-43　EM231 模拟量输入模块端子及 DIP 开关示意图

输入信号进行整定,输入信号的调整步骤如下:

(1) 在模块脱离电源的条件下,通过 DIP 开关选择需要的输入范围;

(2) 接通 CPU 及模块电源,并使模块稳定 15 min;

(3) 用一个电压源或电流源,给模块输入一个零值信号;

(4) 读取模拟量输入寄存器 AIW 相应地址中的值,获得偏移误差(输入为 0 时,模拟量模块产生的数字量偏差值),该误差在该模块中无法得到校正如图 4-36 所示 EM231 转换曲线

(5) 将一个工程量的最大值加到模块输入端,调节增益电位器,直到读数为 32 000,或所需要的数值。

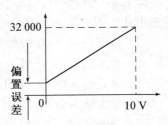

图 4-44　EM231 转换曲线

经上述调整后,若输入电压范围为 0～10 V 的模拟量信号,则对应的数字量结果应为 0～32 000 或所需要数字,其关系如图 4-44 所示。

二、模拟量输出模块

1. EM232 模拟量输出模块的内部结构及数据格式（图 4 - 45）

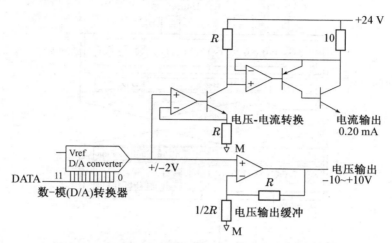

图 4 - 45　EM232 模拟量输出模块外部接线图及内部结构图

在 16 位模拟量输出寄存器 AQW 中的数字量其有效位为 12 位，格式如表 4 - 29 所示。数据的最高有效位是符号位，最低 4 位在转换为模拟量输出值时，将自动屏蔽。

表 4 - 29

电流输出的数据格式															
15	14	13	12	11	10	9	8	7	6	5	4	3	2	1	0
0 数据值 11 位												0	0	0	0
MSB				LSB											
电压输出的数据格式															
15	14	13	12	11	10	9	8	7	6	5	4	3	2	1	0
数据值 12 位												0	0	0	0

2. EM232 模拟量输出模块的输出性能（表 4 - 30）

表 4 - 30　EM232 模拟量输出模块的输出性能

项目	信号范围	分辨率	数据格式	精度典型	最大驱动
电压输出	±10 V	12 位	−32 000～+32 000	满量程±5%	最小 5 000 Ω
电流输出	0～20 mA	11 位	0～+32 000	满量程±5%	最大 500 Ω

3. EM235 模拟量输入输出混合模块(图 4 - 46)

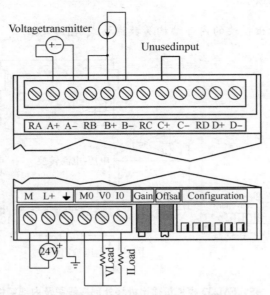

图 4 - 46 EM235 输入输出混合模块端子、DIP 设置开关及校准电位器示意图

4. EM235 模拟量输入输出模块的输入输出特性

EM235 模拟量输入输出模块的输入回路与 EM231 模拟量输入模块的输入回路稍有不同,它增加了一个偏置电压调整回路,通过调节输出接线端子右侧的偏置电位器(图 4 - 46)可以消除偏置误差,其输入特性较 EM231 模块的输入特性,其不同之处主要表现在可供选择的输入信号范围更加细致,以便适应其更加广泛的场合。EM235 模块的输出特性同 EM232 模块,此处不再赘述。

5. EM235 模拟量输入输出模块的使用

EM235 模拟量输入输出混合模块输入信号整定的步骤:

① 在模块脱离电源的条件下,通过 DIP 开关选择需要的输入范围。

② 接通 CPU 及模块电源,并使模块稳定 15 min。

③ 用一个电压源或电流源,给模块输入一个零值信号。

④ 调节偏置电位器,使模拟量输入寄存器的读数为零或所需要的数值。

⑤ 将一个满刻度的信号加到模块输入端,调节增益电位器,直到读数为 32 000,或所需要的数值。

经上述调整后,若输入最大值为 0~10 V 的模拟量信号,则对应的数字量结果应为 32 000 或所需数字,其关系如图 4 - 47 所示。

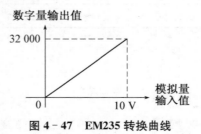

图 4 - 47 EM235 转换曲线

工作任务 5　PLC 对某液压系统中速度阀短接的速度换接回路电气控制的改造

一、工作任务

　　某企业现采用 PLC 对某液压系统中速度换接回路的电气控制部分进行改造，速度阀短接的速度换接回路如图 4－48 所示，其电气控制线路如图 4－49 所示。请分析该控制线路图的控制功能，并用可编程控制器对其控制线路进行改造。

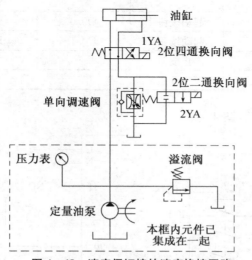

图 4－48　速度阀短接的速度换接回路

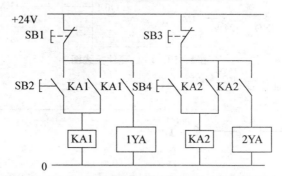

图 4－49　速度阀短接的速度换接回路的电气控制线路图

二、考核内容

　　(1) 根据图 4－48 所示原理图，分析该线路的控制功能；

　　(2) 按控制要求完成 I/O 口地址分配表的编写；

　　(3) 完成 PLC 控制系统硬件接线图的绘制；

　　(4) 完成 PLC 的 I/O 口的连线；

　　(5) 按控制要求绘制梯形图、输入并调试控制程序；

（6）考核过程中，注意"6S 管理"要求。

三、评分表（略）

（评分标准见前面评分表 4－1）

任务实施

一、I/O 地址分配表（表 4－31）

表 4－31　I/O 地址分配表

输入			输出		
I0.0	SB1	起动按钮 1	Q0.0	KM1	
I0.1	SB2	起动按钮 2	Q0.1	KM2	
I0.2	SB3	停止按钮 1			
I0.3	SB4	停止按钮 2			

二、PLC 硬件接线图（图 4－50）

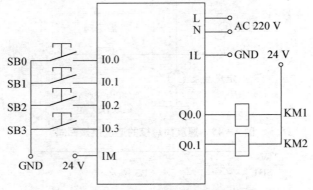

图 4－50　PLC 硬件接线图

三、控制程序（图 4－51）

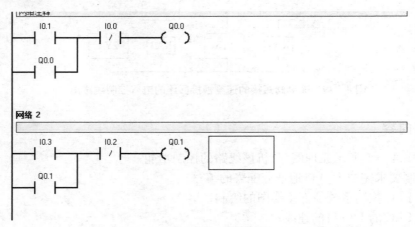

图 4－51　控制程序

四、系统调试

（1）完成接线并检查、确认接线正确；

（2）输入并运行程序，监控程序运行状态，分析程序运行结果；

（3）程序符合控制要求后再接通主电路试车，然后再进行系统调试，直到最大限度地满足系统的控制要求为止。

<h1 style="text-align:center">工作任务6　PLC 对某设备中二次压力控制
回路电气控制的改造</h1>

一、工作任务

某企业现采用 PLC 对某设备中二次压力控制回路电气控制线路进行技术改造，气控回路如图 4 - 52 所示，电气控制线路如图 4 - 53 所示。请分析控制线路图的控制功能，并用可编程控制器对其控制线路进行改造。

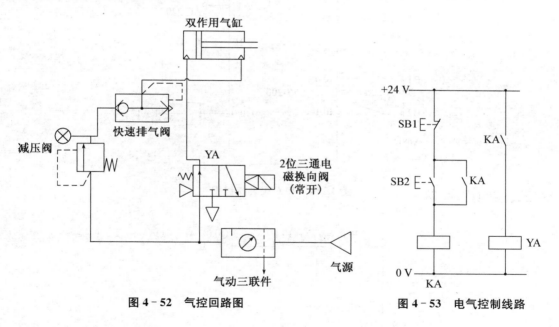

图 4 - 52　气控回路图　　　　　图 4 - 53　电气控制线路

二、考核内容

（1）根据图 4 - 52 所示原理图，分析该线路的控制功能；

（2）按控制要求完成 I/O 口地址分配表的编写；

（3）完成 PLC 控制系统硬件接线图的绘制；

（4）完成 PLC 的 I/O 口的连线；

（5）按控制要求绘制梯形图、输入并调试控制程序；

（6）考核过程中，注意"6S 管理"要求。

三、评分表(略)

(评分标准见前面评分表 4－1)

任务实施

一、I/O 地址分配表(表 4－32)

表 4－32 I/O 地址分配表

输入			输出		
I0.0	SB1	起动	Q0.0	KA1	
I0.1	SB2	停止			

二、PLC 硬件接线图(图 4－54)

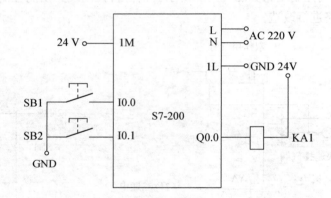

图 4－54 PLC 硬件接线图

三、控制程序(图 4－55)

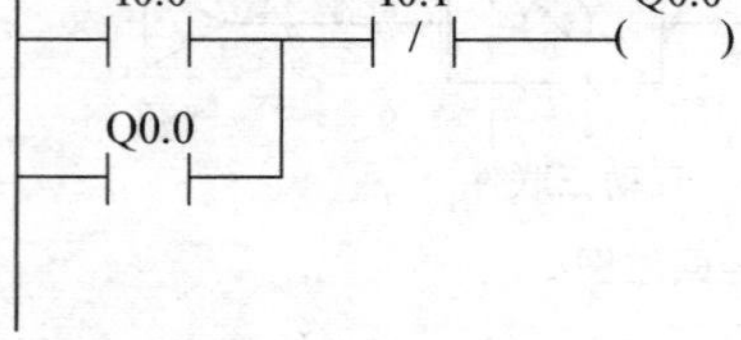

图 4－55 控制程序

四、系统调试

(1) 完成接线并检查、确认接线正确;

(2) 输入并运行程序,监控程序运行状态,分析程序运行结果;

(3) 程序符合控制要求后再接通主电路试车,然后再进行系统调试,直到最大限度地满足系统的控制要求为止。

工作任务7 PLC对某系统气缸缓冲回路电气控制线路的改造

一、工作任务

某企业现拟对某系统气缸缓冲回路电气控制线路的改造,气缸缓冲回路如图4-56所示。请分析该控制线路图的控制功能,并用可编程控制器对其控制线路(图4-57)进行改造。

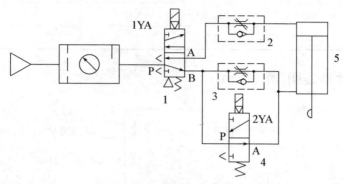

图4-56 气缸缓冲回路

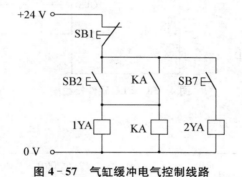

图4-57 气缸缓冲电气控制线路

二、考核内容

(1) 根据图4-56所示原理图,分析该线路的控制功能;

(2) 按控制要求完成I/O口地址分配表的编写;

(3) 完成PLC控制系统硬件接线图的绘制;

(4) 完成PLC的I/O口的连线;

(5) 按控制要求绘制梯形图、输入并调试控制程序;

(6) 考核过程中,注意"6S管理"要求。

三、评分表(略)

(评分标准见前面评分表4-1)

任务实施

一、I/O 地址分配表（表 4-33）

表 4-33　I/O 地址分配表

输入			输出		
I0.0	SB1	停止	Q0.0	1YA	起动
I0.1	SB2	起动 1	Q0.1	2YA	缓冲
I0.2	SB3	起动 2			

二、PLC 硬件接线图（图 4-58）

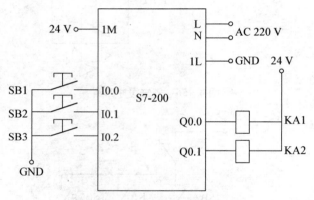

图 4-58　PLC 硬件接线图

三、控制程序（图 4-59）

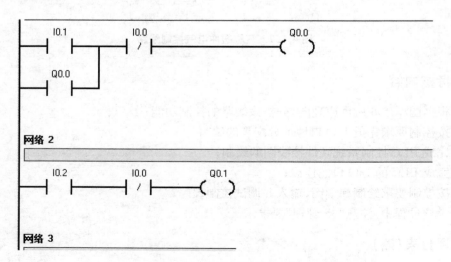

图 4-59　控制程序

四、系统调试

（1）完成接线并检查，确认接线正确；

（2）输入并运行程序，监控程序运行状态，分析程序运行结果；

（3）程序符合控制要求后再接通主电路试车，然后再进行系统调试，直到最大限度地满足系统的控制要求为止。

工作任务8　PLC 控制的某专用加工装置

一、工作任务

某企业承担了一个某专用加工装置控制系统设计任务。其加工工艺是：按起动按钮 SB1→接触器 KM1 得电，电动机 M1 正转，刀具快进→压行程开关 SQ1→接触器 KM1 失电，KM2 得电，电动机 M2 正转工进→压行程开关 SQ2，KM2 失电，停留光刀 5 s→接触器 KM3 得电，电动机 M1 反转，刀具快退→压行程开关 SQ0，接触器 KM3 失电，停车（原位）。请用可编程控制器设计其控制系统并调试。

二、考核内容

（1）根据图 4-58 所示原理图，分析该线路的控制功能；

（2）按控制要求完成 I/O 口地址分配表的编写；

（3）完成 PLC 控制系统硬件接线图的绘制；

（4）完成 PLC 的 I/O 口的连线；

（5）按控制要求绘制梯形图、输入并调试控制程序；

（6）考核过程中，注意"6S 管理"要求。

（三）评分表（略）

（评分标准见前面评分表 4-1）

任务实施

一、I/O 地址分配表（表 4-34）

表 4-34　I/O 地址分配表

输入			输出		
SB1	I0.0	起动	Q0.0	KM1	快进继电器
SB0	I0.1	停止	Q0.1	KM2	工进继电器
SQ1	I0.2	快进行程开关	Q0.2	KM3	快退继电器
SQ2	I0.3	工进行程快关			
SQ0	I0.4	快退行程开关			

二、PLC 硬件接线图(图 4-60)

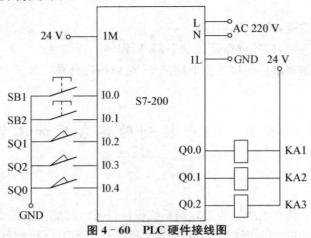

图 4-60 PLC 硬件接线图

三、控制程序(图 4-61)

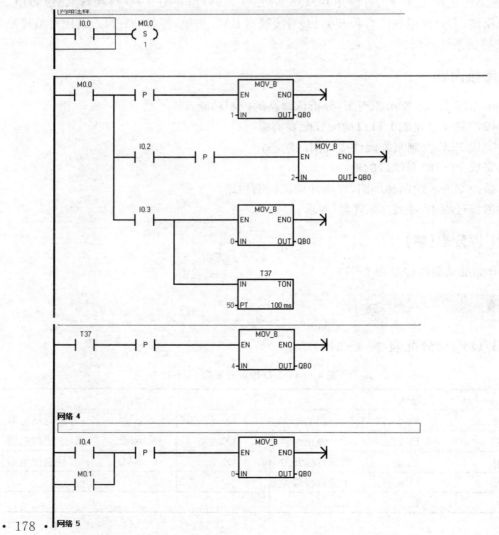

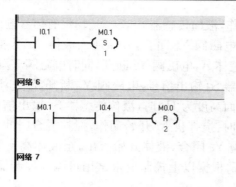

图 4-61 控制程序

四、系统调试

（1）完成接线并检查，确认接线正确；

（2）输入并运行程序，监控程序运行状态，分析程序运行结果；

（3）程序符合控制要求后再接通主电路试车，然后再进行系统调试，直到最大限度地满足系统的控制要求为止。

工作任务9 PLC 控制三种液体自动混合装置

一、工作任务

某企业承担了一个 3 种液体自动混合装置设计任务，多种液体自动混合示意模拟图如图 4-62 所示。该系统由储水器（1 台）、搅拌机（1 台）、加热器（1 台）、3 个液位传感器、1 个温度传感器，3 个进水电磁阀和 1 个出水电磁阀所组成。初始状态时，储水器中没有液体，电磁

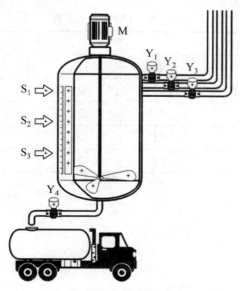

图 4-62 多种液体自动混合示意模拟图

阀 Y_1，Y_2，Y_3，Y_4 没有接能，搅拌机 M 停止动作，液面传感器 S_1，S_2，S_3 均没有信号输出。

控制要求:按下起动按钮,开始下列操作:电磁阀 Y_1 闭合,开始注入液体 A,至液面高度为 H1 时,液位传感器 S_3 输出信号,停止注入液体 A,电磁阀 Y_1 断开,同时电磁阀 Y_2 闭合,开始注入液体 B,当液面高度为 H_2 时,液位传感器 S_2 输出信号,电磁阀 Y_2 断开,停止注入液体 B,同时电磁阀 Y_3 闭合,开始注入液体 C,当液面高度为 H_3 时,液位传感器 S_1 输出信号,电磁阀 Y_3 断开,停止注入液体 C;停止液体 C 注入时,搅拌机 M 开始动作,搅拌混合时间为 10 s;当搅拌停止后,开始放出混合液体,此时电磁阀 Y_4 闭合,液体开始流出,至液体高度降为 H1 后,再经 5 s 停止放出,电磁阀 Y_4 停止动作。请根据以上控制要求试用可编程控制器设计其控制系统并调试。

二、考核内容

(1) 根据图 4 - 62 所示原理图,分析该线路的控制功能;
(2) 按控制要求完成 I/O 口地址分配表的编写;
(3) 完成 PLC 控制系统硬件接线图的绘制;
(4) 完成 PLC 的 I/O 口的连线;
(5) 按控制要求绘制梯形图、输入并调试控制程序;
(6) 考核过程中,注意"6S 管理"要求。

三、评分表(略)

(评分标准见前面评分表 4 - 1)

任务实施

一、I/O 地址分配表(表 4 - 35)

表 4 - 35 I/O 地址分配表

输入			输出		
SB0	I0.0	起动	Q0.0	M	搅拌电动机
SB1	I0.4	停止	Q0.1	Y_1	A 液体电磁阀
S_1	I0.1	H_3 水位	Q0.2	Y_2	B 液体电磁阀
S_2	I0.2	H_2 水位	Q0.3	Y_3	C 液体电磁阀
S_3	I0.3	H_1 水位	Q0.4	Y_4	放料电磁阀

二、PLC 硬件接线图（图 4 - 63）

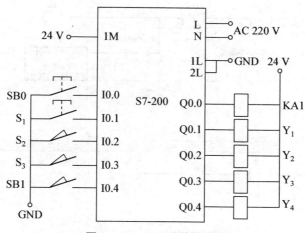

图 4 - 63　PLC 硬件接线图

三、控制程序（图 4 - 64）

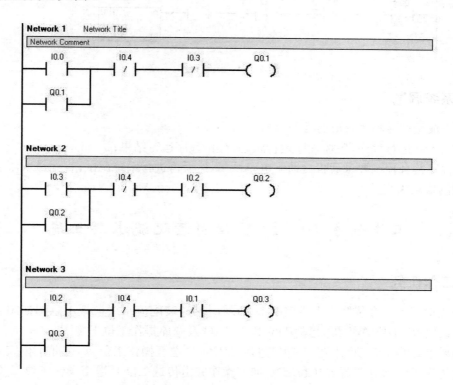

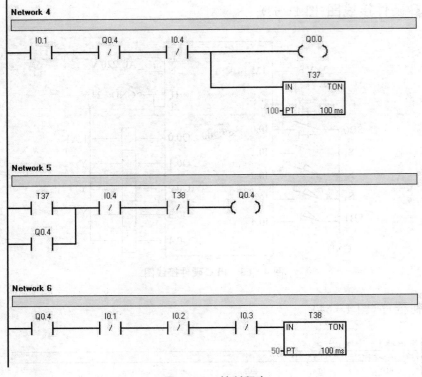

图 4-64 控制程序

四、系统调试

（1）完成接线并检查，确认接线正确；

（2）输入并运行程序，监控程序运行状态，分析程序运行结果；

（3）程序符合控制要求后再接通主电路试车，然后再进行系统调试，直到最大限度地满足系统的控制要求为止。

工作任务 10　PLC控制装配流水线系统

一、工作任务

某企业承担了一个装配流水线控制系统设计任务，装配流水线模拟示意图如图 4-65 所示，该系统由操作工位 A、B、C，运料工位 D、E、F、G 及仓库操作工位 H 组成。

控制要求：闭合"起动"开关，工件经过传送工位 D 送至操作工位 A，在此工位完成加工操作后再由传送工位 E 送至操作工位 B，B 加工操作完由传送工位 F 送至操作工位 C，C 加工完送仓库操作工位 H，过程结束。工件在每个传送工位的传送时间为 5 s，在每个加工操作工位的加工时间为 3 s。请根据以上控制要求用可编程控制器设计其控制系统并调试。

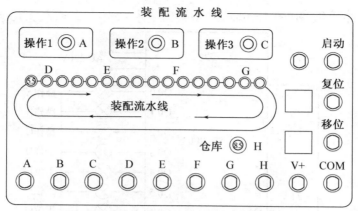

图 4－65　装配流水线模拟示意图

二、考核内容

（1）根据图 4－65 所示原理图，分析该线路的控制功能；

（2）按控制要求完成 I/O 口地址分配表的编写；

（3）完成 PLC 控制系统硬件接线图的绘制；

（4）完成 PLC 的 I/O 口的连线；

（5）按控制要求绘制梯形图、输入并调试控制程序；

（6）考核过程中，注意"6S 管理"要求。

三、评分表（略）

（评分标准见前面评分表 4－1）

任务实施

一、I/O 地址分配表（表 4－36）

表 4－36　I/O 地址分配表

输入			输出		
I0.0	SB1	起动	Q0.0	A	操作工位
			Q0.1	B	操作工位
			Q0.2	C	操作工位
			Q0.3	D	传送工位
			Q0.4	E	传送工位
			Q0.5	F	传送工位
			Q0.6	G	传送工位
			Q0.7	H	仓库

二、PLC 硬件接线图（图 4 - 66）

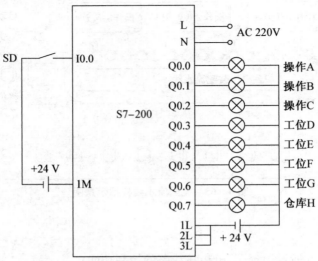

图 4 - 66　PLC 硬件接线图

三、控制程序（图 4 - 67）

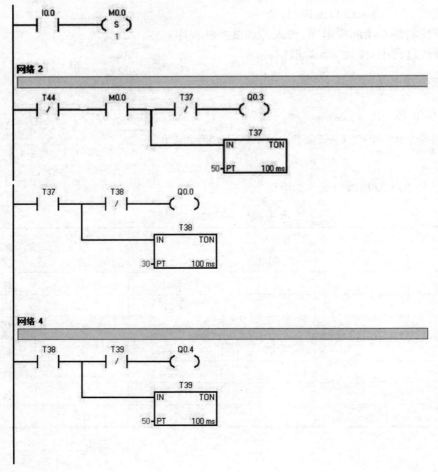

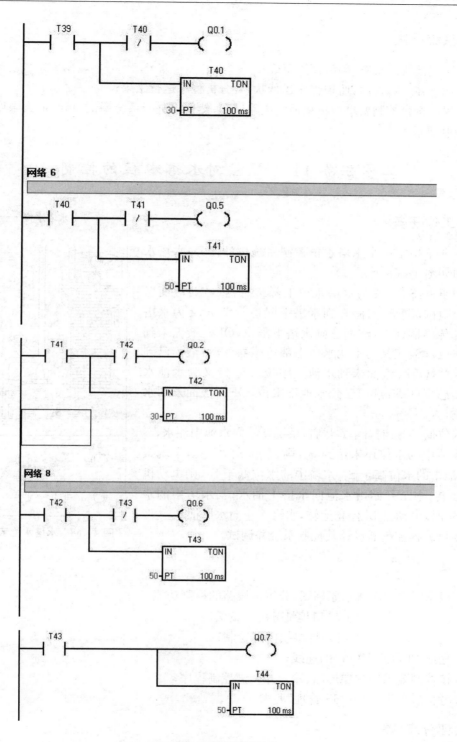

图 4-67　控制程序

四、系统调试

（1）完成接线并检查，确认接线正确；

（2）输入并运行程序，监控程序运行状态，分析程序运行结果；

（3）程序符合控制要求后再接通主电路试车，然后再进行系统调试，直到最大限度地满足系统的控制要求为止。

工作任务 11　PLC 对水塔水位的控制

一、工作任务

某企业承担了一个水塔水位控制系统设计任务，水塔水位示意图如图 4-68 所示。

控制要求：S_1 定义为水塔水位上部传感器（ON：液面已到水塔上限位，OFF：液面未到水塔上限位）；S_2 定义为水塔水位下部传感器（ON：液面已到水塔下限位，OFF：液面未到水塔下限位）；S_3 定义为水池水位上部传感器（ON：液面已到水池上限位，OFF：液面未到水池上限位）；S_4 定义为水池水位下部传感器（ON：液面已到水池下限位，OFF：液面未到水池下限位）。

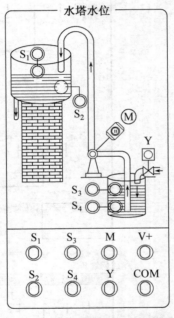

图 4-68　水塔水位示意图

当水位低于 S_4 时，阀 Y 开启，系统开始向水池中注水，5s 后如果水池中的水位还未达到 S_4，则 Y 指示灯闪亮，系统报警；当水池中的水位高于 S_3、水塔中的水位低于 S_2，则电动机 M 开始运转，水泵开始由水池向水塔中抽水；当水塔中的水位高于 S_1 时，电动机 M 停止运转，水泵停止向水塔抽水。

请用可编程控制器设计其控制系统并调试。

二、考核内容

（1）根据图 4-68 所示原理图，分析该线路的控制功能；

（2）按控制要求完成 I/O 口地址分配表的编写；

（3）完成 PLC 控制系统硬件接线图的绘制；

（4）完成 PLC 的 I/O 口的连线；

（5）按控制要求绘制梯形图、输入并调试控制程序；

（6）考核过程中，注意"6S 管理"要求。

三、评分表（略）

（评分标准见前面评分表 4-1）

任务实施

一、I/O 地址分配表（表 4 - 37）

表 4 - 37　I/O 地址分配表

输入			输出		
S₁	I0.0	水塔上部水位检测	Q0.0	阀 Y	水阀 Y
S₂	I0.1	水塔下部水位检测	Q0.1	M	抽水电动机
S₃	I0.2	水塔上部水位检测	Q0.2	Y	报警指示
S₄	I0.3	水塔下部水位检测			

二、PLC 硬件接线图（图 4 - 69）

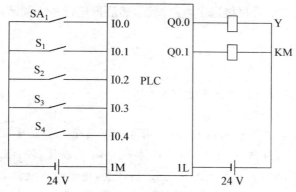

图 4 - 69　PLC 硬件接线图

三、控制程序

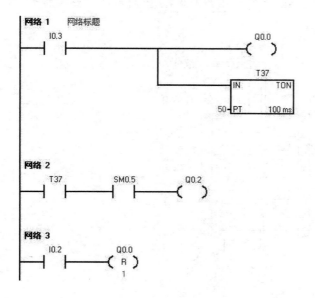

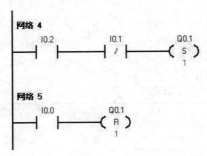

图 4-70   控制程序

四、系统调试

（1）完成接线并检查，确认接线正确；

（2）输入并运行程序，监控程序运行状态，分析程序运行结果；

（3）程序符合控制要求后再接通主电路试车，然后再进行系统调试，直到最大限度地满足系统的控制要求为止。

思考与练习

4.1   可编程控制器系统设计一般分为几步？

4.2   如何选择合适的 PLC 类型？

4.3   用 PLC 构成液体混合控制系统，如图 4-71 所示。控制要求如下：按下起动按钮，电磁阀 Y_1 闭合，开始注入液体 A，按 L_2 表示液体到了 L_2 的高度，停止注入液体 A。同时电磁阀 Y_2 闭合，注入液体 B，按 L_1 表示液体到了 L_1 的高度，停止注入液体 B，开启搅拌机 M，搅拌 4 s，停止搅拌。同时 Y_3 为 ON，开始放出液体至液体高度为 L_3，再经 2 s 停止放出液体。同时液体 A 注入。开始循环。按停止按钮，所有操作都停止，须重新启动。要求列出 I/O 分配表，编写梯形图程序并上机调试程序。

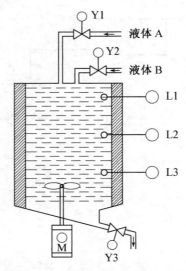

图 4-71   液体混合模拟控制系统

4.4　PLC减少输入、输出点数的方法有几种？

4.5　PLC对安装环境有何要求？PLC的安装方法有几种？

4.6　I/O接线时应注意哪些事项？PLC如何接地？

4.7　用PLC构成4节传送带控制系统，如图4-72所示。控制要求如下：起动后，先起动最末的皮带机，1 s后再依次起动其他的皮带机；停止时，先停止最初的皮带机，1 s后再依次停止其他的皮带机；当某条皮带机发生故障时，该机及前面的应立即停止，以后的每隔1 s顺序停止；当某条皮带机有重物时，该皮带机前面的应立即停止，该皮带机运行1 s后停止，再1 s后接下去的一台停止，依此类推。要求列出I/O分配表，编写4节传送带故障设置控制梯形图程序和载重设置控制梯形图程序并上机调试程序。

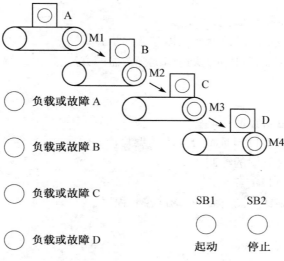

图4-72　四节传送带控制示意图

4.8　某停车场最多可以停50辆车，用两位数码管显示停车数量，用出/入传感器检测进出车场车辆的数量。当停车场内停车数小于45辆时，入口处绿灯亮；等于或大于45辆时，绿灯闪亮；等于50辆时红灯亮，禁止车辆入场。试设计有关系统及程序。

模块五 PLC和变频器系统的设计、安装与调试

工作任务1 变频器参数功能设置

一、工作任务

(1) 了解变频器基本操作面板(BOP)的功能。

(2) 掌握用操作面板(BOP)改变变频器参数的步骤。

(3) 掌握用基本操作面板(BOP)快速调试变频器的方法。

二、考核内容

(1) 根据工作任务分析控制功能;

(2) 按控制要求完成I/O口地址分配表的编写;

(3) 完成系统硬件接线图的绘制;

(4) 完成系统的I/O口的连线;

(5) 按控制要求绘制梯形图、输入并调试控制程序;

(6) 考核过程中,注意"6S管理"要求。

三、评分表(表5-1)

表5-1 评分标准

评价内容	序号	主要内容	考核要求	评分细则	配分	扣分	得分
职业素养与操作规范(50分)	1	工作前准备	清点工具、仪表等。	未清点工具、仪表等每项扣1分。	5		
	2	安装与接线	按PLC控制I/O接线图在模拟配线板正确安装,操作规范	① 未关闭电源开关,用手触摸电器线路或带电进行线路连接或改接,本项记0分。 ② 线路布置不整齐、不合理,每处扣2分。 ③ 损坏元件扣5分。 ④ 接线不规范造成导线损坏,每根扣5分。 ⑤ 不按I/O接线图接线,每处扣2分。	15		

（续表）

评价内容	序号	主要内容	考核要求	评分细则	配分	扣分	得分
	3	程序输入与调试	熟练操作编程软件，将所编写的程序输入PLC；按照被控设备的动作要求进行模拟调试，达到控制要求	① 不会熟练操作软件输入程序，扣10分。 ② 不会进行程序删除、插入、修改等操作，每项扣2分。 ③ 不会联机下载调试程序扣10分。 ④ 调试时造成元件损坏或者熔断器熔断每次扣10分。	20		
	4	清洁	工具摆放整洁；工作台面清洁	乱摆放工具、仪表，乱丢杂物，完成任务后不清理工位扣5分。	5		
	5	安全生产	安全着装；按维修电工操作规程进行操作	① 没有安全着装，扣5分。 ② 出现人员受伤设备损坏事故，考试成绩为0分。	5		
作品（50分）	6	功能分析	能正确分析控制线路功能	能正确分析控制线路功能，功能分析不正确，每处扣2分。	10		
	7	I/O分配表	正确完成I/O地址分配表	输入输出地址遗漏，每处扣2分。	5		
	8	硬件接线图	绘制I/O接线图	① 接线图绘制错误，每处扣2分。 ② 接线图绘制不规范，每处扣1分。	5		
	9	梯形图	梯形图正确、规范	① 梯形图功能不正确，每处扣3分。 ② 梯形图画法不规范，每处扣1分。	15		
	10	功能实现	根据控制要求，准确完成系统的安装调试	不能达到控制要求，每处扣5分。	15		
评分人：				核分人：	总分		

任务实施

一、基本操作面板的认知与操作

（1）基本操作面板（BOP）功能说明，基本操作面板（BOP）如图5-1所示。

图5-1　基本操作面板（BOP）

(2) 基本操作面板(BOP)功能及说明如图表 5-2 所示。

表 5-2　基本操作面板(BOP)功能及说明

显示/按钮	功　能	功能说明
`r0000`	状态显示	LCD 显示变频器当前的设定值
(I)	起动变频器	按此键起动变频器。缺省值运行时此键是被封锁的。为了使此键的操作有效,应设定 P0700=1
(0)	停止变频器	OFF1:按此键,变频器将按选定的斜坡下降速率减速停车. 缺省值运行时此键被封锁;为了允许此键操作,应设定 P0700=1 OFF2:按此键两次(或一次,但时间较长)电动机将在惯性作用下自由停车。此功能总是"使能"的。
(反向)	改变电动机的转动方向	按此键可以改变电动机的转动方向。电动机的反向用负号(一)表示或用闪烁的小数点表示。缺省值运行时此键是被封锁的,为了使此键的操作有效,应设定 P0700=1
(jog)	电动机点动	在变频器无输出的情况下按此键,将使电动机起动,并按预设定的点动频率运行。释放此键时,变频器停车。如果电动机正在运行,按此键将不起作用。
(Fn)	功能	此键用于浏览辅助信息。 变频器运行过程中,在显示任何一个参数时按下此键并保持不动 2 s,将显示以下参数值(在变频器运行中,从任何一个参数开始): 1. 直流回路电压(用 d 表示单位:V) 2. 输出电流(A) 3. 输出频率(Hz) 4. 输出电压(用 o 表示单位:V)。 5. 由 P0005 选定的数值(如果 P0005 选择显示上述参数中的任何一个(3,4 或 5),这里将不再显示)。 连续多次按下此键,将轮流显示以上参数。 跳转功能 在显示任何一个参数(r××××或 P××××)时短时间按下此键,将立即跳转到 r0000,如果需要的话,您可以接着修改其他的参数。跳转到 r0000 后,按此键将返回原来的显示点。 故障确认 在出现故障或报警的情况下,按下此键可以对故障或报警进行确认
(P)	访问参数	按此键即可访问参数。
(▲)	增加数值	按此键即可增加面板上显示的参数数值。
(▼)	减少数值	按此键即可减少面板上显示的参数数值。

（3）用基本操作面板更改参数的数值

例如：改变参数 P0004，操作步骤如表 5-3 所示。

表 5-3　操作步骤内容

操作步骤		显示的结果
1	按 ⓟ 访问参数	r0000
2	按 ▲ 直到显示出 P0004	P0004
3	按 ⓟ 进入参数数值访问级	0
4	按 ▲ 或 ▼ 达到所需要的数值	3
5	按 ⓟ 确认并存储参数的数值	P0004
6	按 ▼ 直到显示出 r000	r0000
7	按 ⓟ 返回标准的变频器显示（有用户定义）	

说明：忙碌信息

修改参数的数值时，BOP 有时会显示：

P---- 表明变频器正忙于处理优先级更高的任务。

为了快速修改参数的数值，可以一个个地单独修改显示出的每个数字，操作步骤如下：

（1）按 ⑰ （功能键），最右边的一个数字闪烁。

（2）按 ▲ / ▼ ，修改这位数字的数值。

（3）再按 ⑰ （功能键），相邻的下一个数字闪烁。

（4）执行 2 至 4 步，直到显示出所要求的数值

（5）按 ⓟ ，退出参数数值的访问级。

二、变频器快速调试

P0010 的参数过滤功能和 P0003 选择用户访问级别的功能在调试时是十分重要的。由此可以选定一组允许进行快速调试的参数。电动机的设定参数和斜坡函数的设定参数都包括在内。在快速调试的各个步骤都完成以后，应选定 P3900，如果它置为 1，将执行必要的电动机计算，并使其他所有的参数（P0010＝1 不包括在内）恢复为缺省设置值。只有在快速调试方式下才进行这一操作。

快速调试的流程如图 5-2 所示。

P0010 开始速调试

0 准备运行

1 快速调试

30 工厂的缺省设置值

说明

在电动机投入运行之前，P0010 必须回到'0'。但是，如果调试结束后选定 P3900 ＝ 1，那么，P0010 回零的操作是自动进行的。

↓

P0100 选择工作地区是欧洲/ 北美

0 功率单位为 kW：f 的缺省值为 50 Hz

1 功率单位为 hP：f 的缺省值为 60 Hz

2 功率单位为 kW：f 的缺省值为 60 Hz

说明

P0100 的设定值 0 和 1 应该用 DIP 开关来更改，使其设定的值固定不变

↓

P0304 电动机的额定电压 1)

10 ～ 2 000 V

根据铭牌键入的电动机额定电压为（V）

↓

P0305 电动机的额定电流 1)

0 ～ 2 倍变频器额定电流（A）

根据铭牌键入的电动机额定电流（A）

↓

P307 电动机的额定功率 1)

0kW ～ 2 000kA

根据铭牌键入的电动机额定功率（kW）

如果 P0100 ＝ 1,功率单位应是 hP

↓

P0310 电动机的额定频率 1)

12 ～ 650 Hz

根据铭牌键入的电动机额定速度（Hz）

↓

P0311 电动机的额定速度 1)

0 ～ 4 000 r/min

根据铭牌键入的电动机额定速率（r/min）

↓

P0700 选择命令源 2)

接通 / 断开 / 反转（on/off/reverse）

0 工厂设置值

1 基本操作面板（BOP）

2 输入端子 / 数字输入

↓

P1000 选择频率设定值（2）

0 无频率设定值

1 用 BOP 控制频率的升降

2 模拟设定值

↓

P1080 电动机最小频率

本参数设置电动机的最小频率（0 ～ 650 Hz）；达到这一频率时电动机的运行速率将与频率的设定值无关。这里设置的值对电动机的正转和反转都是使用的。

↓

P1080 电动机最大频率

本参数设置电动机的最大频率（0 ～ 650 Hz）；达到这一频率时电动机的运行速度将与频率的设定值无关。这里设置的值对电动机的正转和反转都是使用的

↓

P1120 斜坡上升时间

0 ～ 650 s

电动机从静止停车加速到最大电动机频率所需的时间

↓

P1121 斜坡上升时间

0 ～ 650 s

电动机从其最大频率减速到静止停车所需的时间

↓

P3900 结速快速调试

0 结速快速调试,不进行电动机计算或复位为工厂缺省设置值

1 结束快速调试,进行电动机计算和复位为工厂缺省设置值（推荐的方式）

2 结束快速调试,进行电动机计算和 T/0 复位。

3 结束快速调试,进行电动机计算,但不进行 I/0 复位

图 5－2 快速调试的流程

三、变频器复位为工厂的缺省设定值

为了把变频器的全部参数复位为工厂的缺省设定值,应该按照下面的数值设定参数:

(1) 设定 P0010＝30

(2) 设定 P0970＝1

完成复位过程至少要 3 min。

工作任务 2　变频器外部端子点动控制、安装与调试

一、工作任务

(1) 通过外部端子控制电动机起动/停止、正转/反转,按下按钮"S_1"电动机正转起动,松开按钮"S_1"电动机停止;按下按钮"S_2"电动机反转,松开按钮"S_2"电动机停止。

(2) 按下按钮"S_1",观察并记录电动机的运转情况。

(3) 按下操作面板按钮"⊙",增加变频器输出频率。

(4) 松开按钮"S_1"待电动机停止运行后,按下按钮"S_2",观察并记录电动机的运转情况。

(5) 松开按钮"S_2",观察并记录电动机的运转情况。

(6) 改变 P1058、P1059 的值,重复步骤 4、5、6、7,观察电动机运转状态有什么变化。

(7) 改变 P1060、P1061 的值,重复步骤 4、5、6、7,观察电动机运转状态有什么变化。

二、考核内容

(1) 根据工作任务,分析控制功能;

(2) 按控制要求完成 I/O 口地址分配表的编写;

(3) 完成系统硬件接线图的绘制;

(4) 完成硬件 I/O 口的连线;

(5) 按控制要求绘制梯形图、输入并调试控制程序;

(6) 考核过程中,注意"6S 管理"要求。

三、评分表(略)

(评分标准见表 5－1)

任务实施

一、参数功能表(表 5－4)

表 5－4　参数功能表

序号	变频器参数	出厂值	设定值	功能说明
1	P0304	230	380	电动机的额定电压(380 V)
2	P0305	3.25	0.35	电动机的额定电流(0.35 A)

(续表)

序号	变频器参数	出厂值	设定值	功能说明
3	P0307	0.75	0.06	电动机的额定功率(60 W)
4	P0310	50.00	50.00	电动机的额定频率(50 Hz)
5	P0311	0	1 430	电动机的额定转速(1 430 r/min)
6	P1000	2	1	用操作面板(BOP)控制频率的升降
7	P1080	0	0	电动机的最小频率(0 Hz)
8	P1082	50	50.00	电动机的最大频率(50 Hz)
9	P1120	10	10	斜坡上升时间(10 s)
10	P1121	10	10	斜坡下降时间(10 s)
11	P0700	2	2	选择命令源(由端子排输入)
12	P0701	1	10	正向点动
13	P0702	12	11	反向点动
14	P1058	5.00	30	正向点动频率(30 Hz)
15	P1059	5.00	20	反向点动频率(20 Hz)
16	P1060	10.00	10	点动斜坡上升时间(10 s)
17	P1061	10.00	5	点动斜坡下降时间(5 s)

注:(1) 设置参数前先将变频器参数复位为工厂的缺省设定值

(2) 设定 P0003=2 允许访问扩展参数

(3) 设定电动机参数时先设定 P0010=1(快速调试),电动机参数设置完成设定 P0010=0(准备)

二、变频器外部接线图(图 5-3)

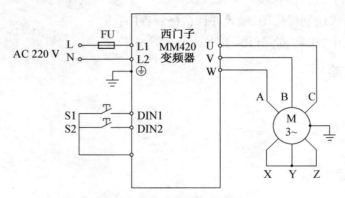

图 5-3　变频器外部接线图

工作任务3 变频器控制电动机正反转

一、工作任务

1）正确设置变频器输出的额定频率、额定电压、额定电流、额定功率、额定转速。

2）通过外部端子控制电动机起动/停止、正转/反转，打开"K₁"、"K₃"电动机正转，打开"K2"电动机反转，关闭"K2"电动机正转；在正转/反转的同时，关闭"K₃"，电动机停止。

3）运用操作面板改变电动机起动的点动运行频率和加减速时间。

4）打开开关"K₁"、"K₃"，观察并记录电动机的运转情况。

5）按下操作面板按钮"🔼"，增加变频器输出频率。

6）打开开关"K₁"、"K₂"、"K₃"，观察并记录电动机的运转情况。

7）关闭开关"K₃"，观察并记录电动机的运转情况。

8）改变 P1120、P1121 的值，重复步骤 4、5、6、7，观察电动机运转状态有什么变化。

二、考核内容

1）根据工作任务，分析控制功能；

2）按控制要求完成 I/O 口地址分配表的编写；

3）完成系统硬件接线图的绘制；

4）完成硬件 I/O 口的连线；

5）按控制要求绘制梯形图、输入并调试控制程序；

6）考核过程中，注意"6S 管理"要求。

三、评分表

（评分标准见表 5-1）

任务实施

一、参数功能表（表 5-5）

表 5-5 参数功能表

序号	变频器参数	出厂值	设定值	功能说明
1	P0304	230	380	电动机的额定电压（380 V）
2	P0305	3.25	0.35	电动机的额定电流（0.35 A）
3	P0307	0.75	0.06	电动机的额定功率（60 W）
4	P0310	50.00	50.00	电动机的额定频率（50 Hz）
5	P0311	0	1 430	电动机的额定转速（1 430 r/min）
6	P0700	2	2	选择命令源（由端子排输入）
7	P1000	2	1	用操作面板（BOP）控制频率的升降

(续表)

序号	变频器参数	出厂值	设定值	功能说明
8	P1080	0	0	电动机的最小频率(0 Hz)
9	P1082	50	50.00	电动机的最大频率(50 Hz)
10	P1120	10	10	斜坡上升时间(10 s)
11	P1121	10	10	斜坡下降时间(10 s)
12	P0701	1	1	ON/OFF(接通正转/停车命令 1)
13	P0702	12	12	反转
14	P0703	9	4	OFF3(停车命令 3)按斜坡函数曲线快速降速停车

注:(1) 设置参数前先将变频器参数复位为工厂的缺省设定值

(2) 设定 P0003＝2 允许访问扩展参数

(3) 设定电动机参数时先设定 P0010＝1(快速调试),电动机参数设置完成设定 P0010＝0(准备)

二、硬件接线图(图 5－4)

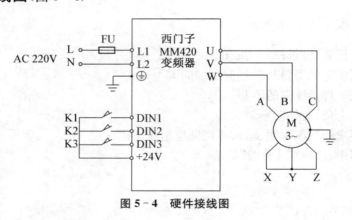

图 5－4 硬件接线图

三、系统调试

(1) 完成接线并检查,确认接线正确;

(2) 程序符合控制要求后再接通主电路试车,然后再进行系统调试,直到最大限度地满足系统的控制要求为止。

工作任务 4 多段速度选择变频器调速

一、工作任务

(1) 正确设置变频器输出的额定频率、额定电压、额定电流、额定功率、额定转速。

(2) 通过外部端子控制电动机多段速度运行,开关"K_1""K_2""K_3"按不同的方式组合,可选择 7 种不同的输出频率。

(3) 运用操作面板改变电动机起动的点动运行频率和加减速时间。

（4）切换开关"K_1"、"K_2"、"K_3"的通断,观察并记录变频器的输出频率。各个固定频率的数值根据表 5-6 选择。

表 5-6　固定频率数值

K_1	K_2	K_3	输出频率
OFF	OFF	OFF	OFF
ON	OFF	OFF	固定频率 1
OFF	ON	OFF	固定频率 2
ON	ON	OFF	固定频率 3
OFF	OFF	ON	固定频率 4
ON	OFF	ON	固定频率 5
OFF	ON	ON	固定频率 6
ON	ON	ON	固定频率 7

二、考核内容

（1）根据工作任务,分析控制功能;
（2）按控制要求完成 I/O 口地址分配表的编写;
（3）完成系统硬件接线图的绘制;
（4）完成硬件 I/O 口的连线;
（5）按控制要求绘制梯形图、输入并调试控制程序;
（6）考核过程中,注意"6S 管理"要求。

三、评分表（略）

（评分标准见表 5-1）

任务实施

一、参数功能表（表 5-7）

表 5-7　参数功能表

序号	变频器参数	出厂值	设定值	功能说明
1	P0304	230	380	电动机的额定电压（380 V）
2	P0305	3.25	0.35	电动机的额定电流（0.35 A）
3	P0307	0.75	0.06	电动机的额定功率（60 W）
4	P0310	50.00	50.00	电动机的额定频率（50 Hz）
5	P0311	0	1 430	电动机的额定转速（1 430 r/min）
6	P1000	2	3	固定频率设定
7	P1080	0	0	电动机的最小频率（0 Hz）

（续表）

序号	变频器参数	出厂值	设定值	功能说明
8	P1082	50	50.00	电动机的最大频率(50 Hz)
9	P1120	10	10	斜坡上升时间(10 s)
10	P1121	10	10	斜坡下降时间(10 s)
11	P0700	2	2	选择命令源(由端子排输入)
12	P0701	1	17	固定频率设值(二进制编码选择＋ON 命令)
13	P0702	12	17	固定频率设值(二进制编码选择＋ON 命令)
14	P0703	9	17	固定频率设值(二进制编码选择＋ON 命令)
15	P1001	0.00	5.00	固定频率1
16	P1002	5.00	10.00	固定频率2
17	P1003	10.00	20.00	固定频率3
18	P1004	15.00	25.00	固定频率4
19	P1005	20.00	30.00	固定频率5
20	P1006	25.00	40.00	固定频率6
21	P1007	30.00	50.00	固定频率7

注：(1) 设置参数前先将变频器参数复位为工厂的缺省设定值

(2) 设定 P0003＝2 允许访问扩展参数

(3) 设定电动机参数时先设定 P0010＝1(快速调试)，电动机参数设置完成设定 P0010＝0(准备)

二、硬件接线图(图 5－5)

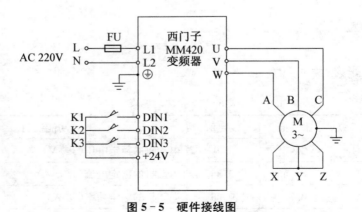

图 5－5　硬件接线图

三、系统调试

1) 完成接线并检查，确认接线正确；

2) 程序符合控制要求后再接通主电路试车，然后再进行系统调试，直到最大限度地满足系统的控制要求为止。

工作任务5　变频器无极调速

一、工作任务

(1) 正确设置变频器输出的额定频率、额定电压、额定电流、额定功率、额定转速。

(2) 通过操作面板(BOP)控制电动机起动/停止、正转/反转。

(3) 运用操作面板改变电动机的运行频率和加减速时间。

(4) 按下操作面板按钮"⬤",起动变频器。

(5) 按下操作面板按钮"⬤/⬤",增加、减小变频器输出频率。

(6) 按下操作面板按钮"⬤",改变电动机的运转方向。

(7) 按下操作面板按钮"⬤",停止变频器。

二、考核内容

(1) 根据工作任务,分析控制功能;

(2) 按控制要求完成I/O口地址分配表的编写;

(3) 完成系统硬件接线图的绘制;

(4) 完成硬件I/O口的连线;

(5) 按控制要求绘制梯形图、输入并调试控制程序;

(6) 考核过程中,注意"6S管理"要求。

(三) 评分表(略)

(评分标准见表5-1)

任务实施

一、参数功能表(表5-8)

表5-8　参数功能表

序号	变频器参数	出厂值	设定值	功能说明
1	P0304	230	380	电动机的额定电压(380 V)
2	P0305	3.25	0.35	电动机的额定电流(0.35 A)
3	P0307	0.75	0.06	电动机的额定功率(60 W)
4	P0310	50.00	50.00	电动机的额定频率(50 Hz)
5	P0311	0	1 430	电动机的额定转速(1 430 r/min)
6	P1000	2	1	用操作面板(BOP)控制频率的升降
7	P1080	0	0	电动机的最小频率(0 Hz)
8	P1082	50	50.00	电动机的最大频率(50 Hz)

(续表)

序号	变频器参数	出厂值	设定值	功能说明
9	P1120	10	10	斜坡上升时间(10 s)
10	P1121	10	10	斜坡下降时间(10 s)
11	P0700	2	1	BOP(键盘)设置

注:(1) 设置参数前先将变频器参数复位为工厂的缺省设定值

(2) 设定 P0003＝2 允许访问扩展参数

(3) 设定电动机参数时先设定 P0010＝1(快速调试),电动机参数设置完成设定 P0010＝0(准备)

二、硬件接线图(图 5-6)

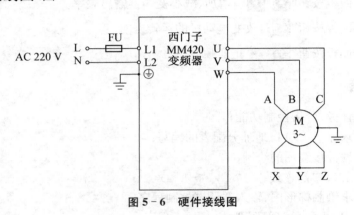

图 5-6 硬件接线图

三、系统调试

1) 完成接线并检查,确认接线正确;

2) 程序符合控制要求后再接通主电路试车,进行系统调试,直到最大限度地满足系统的控制要求为止。

工作任务6 外部模拟量(电压/电流)方式的变频调速控制

一、工作任务

(1) 打开开关"K_1",起动变频器。

(2) 调节输入电压,观察并记录电动机的运转情况。

(3) 关闭开关"K_1",停止变频器。

二、考核内容

(1) 根据工作任务,分析控制功能;

(2) 按控制要求完成 I/O 口地址分配表的编写;

(3) 完成系统硬件接线图的绘制;

(4) 完成硬件 I/O 口的连线;

（5）按控制要求绘制梯形图、输入并调试控制程序；

（6）考核过程中，注意"6S管理"要求。

三、评分表（略）

（评分标准见表5-1）

任务实施

一、参数功能表（表5-9）

表5-9　参数功能表

序号	变频器参数	出厂值	设定值	功能说明
1	P0304	230	380	电动机的额定电压（380 V）
2	P0305	3.25	0.35	电动机的额定电流（0.35 A）
3	P0307	0.75	0.06	电动机的额定功率（60 W）
4	P0310	50.00	50.00	电动机的额定频率（50 Hz）
5	P0311	0	1 430	电动机的额定转速（1 430 r/min）
6	P1000	2	2	模拟输入
7	P0700	2	2	选择命令源（由端子排输入）
8	P0701	1	1	ON/OFF（接通正转/停车命令1）

注：（1）设置参数前先将变频器参数复位为工厂的缺省设定值

　　（2）设定 P0003＝2 允许访问扩展参数

　　（3）设定电动机参数时先设定 P0010＝1（快速调试），电动机参数设置完成设定 P0010＝0（准备）

二、硬件接线图（图5-7）

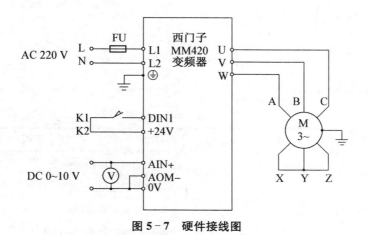

图5-7　硬件接线图

三、系统调试

（1）完成接线并检查，确认接线正确；

（2）程序符合控制要求后再接通主电路试车，进行系统调试，直到最大限度地满足系统的控制要求为止。

工作任务7　PID 变频调速控制

一、工作任务

（1）正确设置变频器输出的额定频率、额定电压、额定电流、额定功率、额定转速。

（2）通过操作面板（BOP）改变 PID 控制的设定值。

（3）通过外部模拟量改变 PID 的反馈值（反馈用外部给定模拟）。

（4）按下操作面板按钮"⬤"，起动变频器。

（5）调节输入电压，观察并记录电动机的运转情况。

（6）改变 P2280、P2285 的值，重复步骤 4、5，观察电动机运转状态有什么变化。

（7）按下操作面板按钮"⬤"，停止变频器。

二、考核内容

（1）根据工作任务，分析控制功能；

（2）按控制要求完成 I/O 口地址分配表的编写；

（3）完成系统硬件接线图的绘制；

（4）完成硬件 I/O 口的连线；

（5）按控制要求绘制梯形图、输入并调试控制程序；

（6）考核过程中，注意"6S 管理"要求。

三、评分表（略）

（评分标准见表 5 - 1）

任务实施

一、参数功能表（表 5 - 10）

表 5 - 10　参数功能表

序号	变频器参数	出厂值	设定值	功能说明
1	P0304	230	380	电动机的额定电压（380 V）
2	P0305	3.25	0.35	电动机的额定电流（0.35 A）
3	P0307	0.75	0.06	电动机的额定功率（60 W）
4	P0310	50.00	50.00	电动机的额定频率（50 Hz）
5	P0311	0	1 430	电动机的额定转速（1 430 r/min）
6	P1080	0	0	电动机的最小频率（0 Hz）

(续表)

序号	变频器参数	出厂值	设定值	功能说明
7	P1082	50	50.00	电动机的最大频率(50 Hz)
8	P1120	10	10	斜坡上升时间(10 s)
9	P1121	10	10	斜坡下降时间(10 s)
10	P0700	2	1	BOP(键盘)设置
11	P2200	0	1	允许 PID 控制
12	P2240	10	25	PID~MOP 的设定值
13	P2253	0.0	2 250	已激活的 PID 设定值(目标值)
14	P2264	0.0	755	模拟输入 1 设置(反馈信号)
15	P2280	3.000	10.00	PID 比例增益系数
16	P2285	0.000	3	PID 积分时间

注:(1) 设置参数前先将变频器参数复位为工厂的缺省设定值

(2) 设定 P0003＝2 允许访问扩展参数

(3) 设定电动机参数时先设定 P0010＝1(快速调试),电动机参数设置完成设定 P0010＝0(准备)

二、硬件接线图(图5-8)

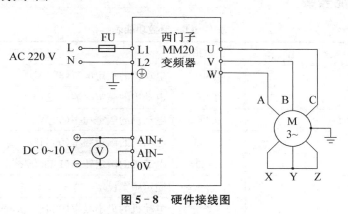

图5-8 硬件接线图

三、系统调试

(1) 完成接线并检查,确认接线正确;

(2) 程序符合控制要求后再接通主电路试车,进行系统调试,直到最大限度地满足系统的控制要求为止。

工作任务8 基于PLC数字量方式多段速控制

一、工作任务

(1) 正确设置变频器输出的额定频率、额定电压、额定电流、额定功率、额定转速。

(2) 通过 PLC 控制变频器外部端子。打开开关"K_1"变频器每过一段时间自动变换一种输出频率,关闭开关"K_1"电动机停止;开关"K_2"、"K_3"、"K_4"按不同的方式组合,可选择 7 种不同的输出频率。

(3) 运用操作面板改变电动机起动的点动运行频率和加减速时间。

二、考核内容

(1) 根据工作任务,分析控制功能;

(2) 按控制要求完成 I/O 口地址分配表的编写;

(3) 完成系统硬件接线图的绘制;

(4) 完成硬件 I/O 口的连线;

(5) 按控制要求绘制梯形图、输入并调试控制程序;

(6) 考核过程中,注意"6S 管理"要求。

三、评分表(略)

(评分标准见表 5-1)

任务实施

一、参数功能表(表 5-11)

表 5-11 参数功能表

序号	变频器参数	出厂值	设定值	功能说明
1	P0304	230	380	电动机的额定电压(380 V)
2	P0305	3.25	0.35	电动机的额定电流(0.35 A)
3	P0307	0.75	0.06	电动机的额定功率(60 W)
4	P0310	50.00	50.00	电动机的额定频率(50 Hz)
5	P0311	0	1 430	电动机的额定转速(1 430 r/min)
6	P1000	2	3	固定频率设定
7	P1080	0	0	电动机的最小频率(0 Hz)
8	P1082	50	50.00	电动机的最大频率(50 Hz)
9	P1120	10	10	斜坡上升时间(10 s)
10	P1121	10	10	斜坡下降时间(10 s)
11	P0700	2	2	选择命令源(由端子排输入)
12	P0701	1	17	固定频率设值(二进制编码选择+ON 命令)
13	P0702	12	17	固定频率设值(二进制编码选择+ON 命令)
14	P0703	9	17	固定频率设值(二进制编码选择+ON 命令)
15	P1001	0.00	5.00	固定频率 1
16	P1002	5.00	10.00	固定频率 2

（续表）

序号	变频器参数	出厂值	设定值	功能说明
17	P1003	10.00	20.00	固定频率3
18	P1004	15.00	25.00	固定频率4
19	P1005	20.00	30.0	固定频率5
20	P1006	25.00	40.00	固定频率6
21	P1007	30.00	50.00	固定频率7

注:(1) 设置参数前先将变频器参数复位为工厂的缺省设定值

(2) 设定 P0003=2 允许访问扩展参数

(3) 设定电动机参数时先设定 P0010=1(快速调试),电动机参数设置完成设定 P0010=0(准备)

二、I/O 地址分配表(表5-12)

表5-12　I/O 地址分配表

输入			输出		
K₁	起/停	I0.0	DIN1	端口一	Q0.0
K2	一速度	I0.1	DIN2	端口二	Q0.1
K3	二速度	I0.2	DIN3	端口三	Q0.2
K4	三速度	I0.3			

三、PLC 硬件接线图(图5-9)

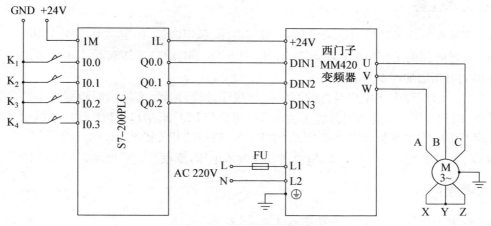

图5-9　PLC 硬件接线图

四、控制程序（图 5-10）

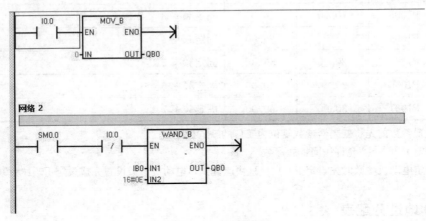

图 5-10　控制程序

五、系统调试

（1）完成接线并检查，确认接线正确；

（2）程序符合控制要求后再接通主电路试车，进行系统调试，直到最大限度地满足系统的控制要求为止。

工作任务 9　基于 PLC 模拟量方式变频器开环调速控制

一、工作任务

（1）正确设置变频器输出的额定频率、额定电压、额定电流、额定功率、额定转速。

（2）通过外部端子控制电动机起动/停止、打开"K_1"电动机正转起动。调节输入电压，电动机转速随电压增加而增大。

（3）打开示例程序或用户自行编写的控制程序，进行编译，有错误时根据提示信息修改，直至无误，用 PC/PPI 通信编程电缆连接计算机串口与 PLC 通信口，打开 PLC 主机电源开关，下载程序至 PLC 中，下载完毕后将 PLC 的"RUN/STOP"开关拨至"RUN"状态。

（4）打开开关"K_1"，调节 PLC 模拟量模块输入电压，观察并记录电动机的运转情况。

二、考核内容

（1）根据工作任务，分析控制功能；

（2）按控制要求完成 I/O 口地址分配表的编写；

（3）完成系统硬件接线图的绘制；

（4）完成硬件 I/O 口的连线；

（5）按控制要求绘制梯形图、输入并调试控制程序；

（6）考核过程中，注意"6S 管理"要求。

三、评分表(略)

(评分标准见表 5 - 1)

任务实施

一、参数功能表(表 5 - 13)

表 5 - 13　参数功能表

序号	变频器参数	出厂值	设定值	功能说明
1	P0304	230	380	电动机的额定电压(380 V)
2	P0305	3.25	0.35	电动机的额定电流(0.35 A)
3	P0307	0.75	0.06	电动机的额定功率(60 W)
4	P0310	50.00	50.00	电动机的额定频率(50 Hz)
5	P0311	0	1 430	电动机的额定转速(1 430 r/min)
6	P1000	2	2	模拟输入
7	P1080	0	0	电动机的最小频率(0 Hz)
8	P1082	50	50.00	电动机的最大频率(50 Hz)
9	P1120	10	10	斜坡上升时间(10 s)
10	P1121	10	10	斜坡下降时间(10 s)
11	P0700	2	2	选择命令源(由端子排输入)
12	P0701	1	1	ON/OFF(接通正转/停车命令1)

二、I/O 地址分配表(表 5 - 14)

表 5 - 14　I/O 地址分配表

输入			输出		
K₁	起动	I0.0	DIN1	控制端 1	Q0.0
+	模拟量正	A+	AIN+	模拟输入+	V
−	模拟量负	A−	AIN−	模拟输入−	M

三、变频器外部接线图(图 5 - 11)

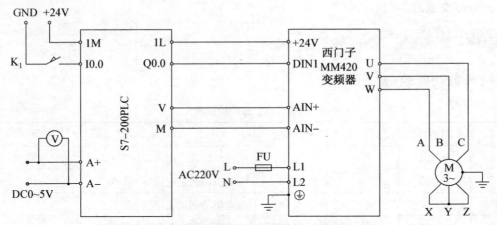

图 5 - 11　变频器外部硬件接线图

四、控制程序(图 5 - 12)

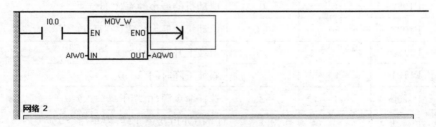

图 5 - 12　控制程序

五、系统调试

（1）完成接线并检查,确认接线正确；

（2）程序符合控制要求后再接通主电路试车,进行系统调试,直到最大限度地满足系统的控制要求为止。

模块六 S7 - 200SMART 系列 PLC 控制系统设计、安装与调试

工作任务1 旋转机构自动往返控制系统设计与装调

1. 掌握 S7 - 200SMART PLC 的基本控制电路原理,能设计、装调 S7 - 200SMART PLC 控制系统硬件电路;
2. 掌握 S7 - 200SMART PLC 的编程、调试方法,能实现程序的编写、编译、下载和调试。

1. 掌握 S7 - 200SMART PLC 的基本控制电路原理;
2. 掌握 S7 - 200SMART PLC 控制系统的编程与调试方法。

一、工作任务

具体任务要求有:
(1) 使用 CPU SR40 PLC 结合 NPN 传感器实现 PLC 正反转控制系统硬件设计和装调;
(2) 使用 STEP 7 - MicroWIN SMART 软件实现 PLC 程序编辑、编译、下载和调试。

二、考核内容

(1) 根据控制要求,分析控制功能;
(2) 按控制要求完成 I/O 端口地址分配表的编写;
(3) 完成 PLC 控制系统硬件接线图的绘制;
(4) 完成 PLC 的 I/O 端口的连线;
(5) 按控制要求绘制梯形图,输入并调试控制程序;
(6) 考核过程中,注意"6S 管理"要求。

三、评分表(见表 6 - 1)

表 6 - 1 评分标准

评价内容	序号	主要内容	考核要求	评分细则	配分	扣分	得分
职业素养与操作规范(20分)	1	工作前准备	清点仪表、电工工具,并摆放整齐。穿戴好劳动防护用品	① 未按要求穿戴好防护用品,扣10分。 ② 工作前,未清点工具、仪表、耗材等每处扣2分。	10		
	2	6S 管理	操作过程中及作业完成后,保持工具、仪表、元器件、设备等摆放整齐 操作过程中无不文明行为、具有良好的职业操守,独立完成考核内容,合理解决突发事件 具有安全用电意识,操作符合规范要求,作业完成后清理、清扫工作现场	① 未关闭电源开关,用手触摸电器线路或带电进行线路连接或改接,立即终止考试,考试成绩判定为"不合格"。 ② 损坏考场设施或设备,考试成绩为"不合格"。 ③ 乱摆放工具,乱丢杂物等扣5分。 ④ 完成任务后不清理工位扣5分。	10		
作品(80分)	3	I/O 分配表	正确完成 I/O 地址分配表	① 输入输出地址遗漏,每处扣2分。 ② 编写不规范及错误,每处扣1分。	10		
	4	I/O 接线图	正确绘制 I/O 接线图	① 接线图绘制错误,每处扣2分。 ② 接线图绘制不规范,每处扣1分。	10		
	5	安装与接线	按 PLC 控制 I/O 接线图在模拟配线板正确安装,操作规范	① 未关闭电源开关,用手触摸电器线路或带电进行线路连接或改接,本项记0分。 ② 损坏元件总成绩为0分。 ③ 接线不规范造成导线损坏,每根扣5分。 ④ 不按 I/O 接线图接线,每处扣2分。少接线、多接线、接线错误,每处扣5分。	15		
	6	系统程序设计	根据系统要求,完成控制程序设计;程序编写正确、规范;正确使用软件,下载 PLC 程序	① 不能根据系统要求,完成控制程序,扣10分。 ② 程序功能不正确,每处扣3分。	25		
	7	功能实现	根据控制要求,准确完成系统的功能演示	① 调试时熔断器熔断每次扣总成绩10分。 ② 功能缺失或错误,按比例扣分。	20		
评分人:				核分人:	总分		

四、任务实施

1. I/O 地址分配表(见表 6-2)

表 6-2　I/O 地址分配表

输入信号			输出信号		
元件符号	PLC 输入点	功能	PLC 输出点	元件符号	功能
SB1	I0.0	启停控制	Q0.0	KA1	左旋电磁阀
B1	I0.1	左旋极限检测	Q0.1	KA2	右旋电磁阀
B2	I0.3	右旋极限检测	Q0.4	H1	指示灯 1

2. 硬件接线图(如图 6-1)

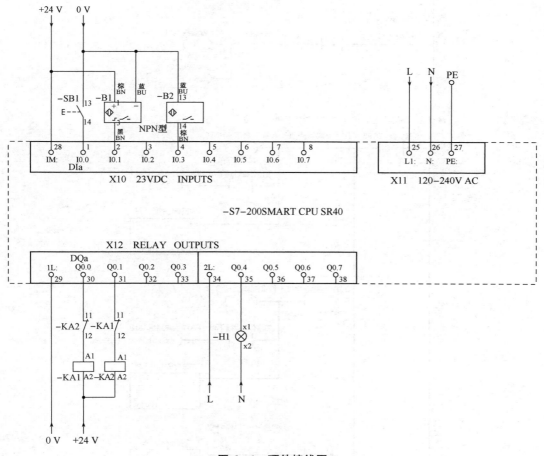

图 6-1　硬件接线图

3. 控制程序(如图 6-2)

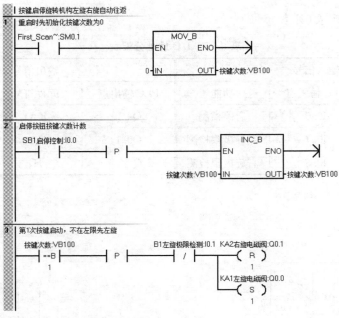

按键启停旋转机构左旋右旋自动往返

1 重启时先初始化按键次数为0

First_Scan~:SM0.1

MOV_B
EN   ENO
0 - IN   OUT - 按键次数:VB100

2 启停按钮按键次数计数

SB1启停控制:I0.0   P

INC_B
EN   ENO
按键次数:VB100 - IN   OUT - 按键次数:VB100

3 第1次按键启动,不在左限先左旋

按键次数:VB100   P   B1左旋极限检测:I0.1 KA2右旋电磁阀:Q0.1
==B   /   (R)
1   1
KA1左旋电磁阀:Q0.0
(S)
1

4 左旋右旋自动往返运行,运行状态时指示灯闪烁

按键次数:VB100   B1左旋极限检测:I0.1   KA1左旋电磁阀:Q0.0
==B   (R)
1   1
左限停留时间:T37   KA2右旋电磁阀:Q0.1
(S)
1
左限停留时间:T37
IN   TON
20 - PT   100 ms

B2右旋极限检测:I0.3 KA2右旋电磁阀:Q0.1
(R)
1
右限停留时间:T38   KA1左旋电磁阀:Q0.0
(S)
1
右限停留时间:T38
IN   TON
20 - PT   100 ms

闪烁控制:T39   闪烁控制:T39
/   IN   TON
90 - PT   100 ms

闪烁控制:T39   H1指示灯1:Q0.4
<=I   ( )
60

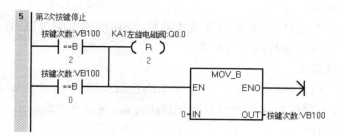

图 6-2　控制程序

4. 系统调试与操作步骤

（1）完成接线并检查、确认接线正确；

（2）输入并虚拟仿真运行程序，监控程序运行状态，分析程序运行结果；

（3）程序符合控制要求后再接通主电源试车，进行系统调试，直到最大限度地满足系统的控制要求为止。

知识链接

一、S7-200SMART PLC 介绍及部分产品技术规范

S7-200 SMART 系列是西门子公司经过大量市场调研，为中国客户量身定制的一款高性价比小型 PLC 系列产品。

（一）S7-200 SMART 产品亮点

1. 机型丰富，选择更多

提供不同类型、I/O 点数丰富的 CPU 模块，单体 I/O 点数最高可达 60 点，可满足大部分小型自动化设备的控制需求。CPU 模块配备有标准型和经济型，能最大限度地控制成本。

2. 选件扩展，精确定制

信号板设计可扩展通信端口、数字量通道和模拟量通道。不额外占用电柜空间，贴合用户的实际配置需求，提升产品利用率，降低扩展成本。

3. 高速芯片，性能卓越

配备专用高速处理器芯片，基本指令执行时间可达 0.15 μs，程序执行速度快。

4. 以太互联，经济便捷

CPU 标配以太网接口，支持 PROFINET、TCP、UDP、Modbus TCP 等多种工业以太网通信协议。利用一根普通的网线即可将程序下载到 PLC 中，经济快捷。

5. 多轴运控，灵活自如

CPU 模块最多集成了 3 路频率高达 100 kHz 的高速脉冲输出，支持多种运动模式，轻松驱动伺服驱动器。CPU 通过集成的 PROFINET 接口，可以连接多台伺服驱动器，配以方便易用的 SINAMICS 运动库指令，快速实现设备调速、定位等运控功能。

6. 通用 SD 卡，远程更新

本机集成的 Micro SD 卡插槽，可实现远程维护程序的功能。使用市面上通用卡也可以轻松更新程序、恢复出厂设置、升级固件，大幅降低售后成本。

7. 软件友好，编程高效

融入了更多的人性化设计，如新颖的带状式菜单、全移动式界面窗口、方便的程序注释功能、强大的密码保护等，能大幅提高开发效率。

8. 完美整合，无缝集成

S7 - 200 SMART PLC、SIMATIC SMART LINE 触摸屏、V20 变频器和 V90 伺服驱动系统完美整合，可以实现高性价比的小型自动化解决方案，满足全方位需求。

（二）方便的网络通信

CPU 模块集成 1 个 PROFINET 接口和 1 个 RS485 接口，通过扩展 CM01 信号板或者 EM DP01 模块，其通信端口数量最多可增至 4 个，可满足小型自动化设备与触摸屏、变频器、伺服驱动器及第三方设备通信的需求。

可与变频器或伺服驱动器进行 PROFINET 通信，最多支持 8 台设备，可作为程序下载端口（使用普通网线即可），可与 SMART LINE 触摸屏进行通信，支持多台 PLC 之间以太网通信，支持 8 个主动和 8 个被动 PUT/GET 连接，支持 TCP, UDP, Modbus TCP 等多种通信协议。

通过与上位机通信的 OPC 软件 PC Access SMART，操作人员可以在上位机读取 S7 - 200 SMART 的数据，实现设备远程监控和数据存档管理。

（三）CPU SR40/ST40 技术规范（见表 6 - 3～表 6 - 6）

表 6 - 3　技术规范 1

型号	CPU 5R40 AC/DC/RLY	CPU ST40 DC/DC/DC
订货号（MLFB）	6ES7 288 - 1SR40 - 0AA0	6ES7 288 - 1ST40 - 0AA0
常规		
尺寸 W×H×D(mm)	125×100×81	
重量	441.3 g	410.3 g
功耗	23 W	18 W
可用电流（24 VDC）	最大 300 mA（传感器电源）	
数字输入电流消耗（24 VDC）	所用的每点输入 4 mA	
CPU 特征		
用户储存器	24 KB 程序存储器/16 KB 数据存储器/10 KB 保持性存储器	
板载数字 I/O	24 点输入/16 点数出	
过程映像大小	256 位输入（I）/256 位输出（Q）	
模拟映像	56 个字的输入（AI）/56 个字的输出（AQ）	
位存储器（M）	256 位	
临时（局部）存储	主程序中 64 字节，每个子程序和中断程序中 64 字节	
I/O 模块扩展	最多 6 个扩展模块	

（续表）

型号	CPU 5R40 AC/DC/RLY	CPU ST40 DC/DC/DC
订货号（MLFB）	6ES7 288－1SR40－0AA0	6ES7 288－1ST40－0AA0
信号板扩展	最多 1 个信号板	
高速计数器	共 6 个 单相：4 个 200 kHz＋2 个 30 kHz 正交相位：2 个 100 kHz＋2 个 20 kHz	
脉冲输出	—	3 路 100 kHz
脉冲捕捉输入	14 个	
循环中断	共 2 个，分辨率为 1 ms	
沿中断	4 个上升沿和 4 个下降沿（使用可选信号板时，各 6 个）	
存储卡	Micro SD 卡（选件）	
实时时钟精度	＋/－120 秒/月	
这时时钟保持时间	通常为 7 天，25 ℃时最少为 6 天	
性能		
布尔运算	0.15 μs/指令	
移动字	1.2 μs/指令	
实数数字运算	3.6 μs/指令	
S7－200 SMART 支持的用户程序元素		
POUS	类型/数量 • 主程序：1 个 • 子程序，128 个（0 到 127） • 中断程序：128 个（0 到 127） 嵌套深度 • 来自主程序：8 个子程序级别 • 来自中断程序：4 个子程序级别	
累加器	4 个	
定时器	类型数量 • 非保持性（TON，TOF）：192 个 • 保持性：64 个	
计数器	256 个	

表 6－4 技术规范 2

电源		
电压范围	85～264 V AC	20.4～28.8 V DC
电源频率	47～63 Hz	—
浪涌电流（最大）	264 V AC 时 16.3 A	28.8 V DC 时 11.7 A

（续表）

电源		
隔离（输入电源与逻辑侧）	1 500 V AC	—
漏地电流,AC 线路对功能地	0.5 mA	—
保持时间（掉电）	120 V AC 时 30 ms 240 V AC 时 200 ms	24 V DC 时 20 ms
内部保险丝（用户不可更换）	3 A，250 V，慢速熔断	
传感器电源		
电压范围	20.4～28.8 V DC	
额定输出电流（最大）	300 mA	
最大波纹噪声（＜10 MHz）	＜1 V 峰峰值	
隔离（CPU 逻辑侧与传感器电源）	未隔离	
数字输入		
输入点数	24	
类型	漏型/源型（IEC1 类漏型）	漏型/源型（IEC1 类漏型，除 I0.0 到 I0.3）
额定电压	4 mA 时 24 V DC,额定值	
允许的连续电压	最大 30 V DC	
浪涌电压	35 V DC,待续 0.5 s	
逻辑 1 信号（最小）	2.5 mA 时 15 V DC	I0.0 到 I0.3：8 mA 时 4 V DC 其他输入：2.5 mA 时 15 V DC
逻辑 0 信号（最大）	1 mA 时 5 V DC	I0.0 到 I0.3：1 mA 时 1 V DC 其他输入：1 mA 到 5 V DC
隔离（现场侧与逻辑侧）	500 V AC 持续 1 min	
隔离组	1	
滤波时间	每个通道可单独选择（点 I0.0 到 I1.5）： 0.2,0.4,0.8,1.6,3.2,6.4 和 12.8 μs 0.2,0.4,0.8,1.6,3.2,6.4 和 12.8 ms 每个通道可单独选择（I1.6 及更大的点）： 0,6.4,12.8 ms	
HSC 时钟输入频率（最大） （逻辑 1 电平＝15－26 V DC）	单相:4 个 200 kHz ＋2 个 30 kHz 正交相位:2 个 100 kHz＋2 个 20 kHz	
同时接通的输入数	24	
电缆长度	屏蔽:500 m（正常输入）,50 m（HSC 输入）,非屏蔽:300 m（正常输入）	

表 6-5　技术规范 3

数字输出		
输出点数	16	
类型	继电器,干触点	固态-MOSFET（源型）
电压范围	5～40 V DC 或 5～250 V AC	20.4～28.8 V DC
最大电流时的逻辑 1 信号	—	最小 20 V DC
具有 10 kΩ 负载时的逻辑 0 信号	—	最大 0.1 V DC
每点的额定电流（最大）	2.0 A	0.5 A
灯负载	30 W DC/200 W AC	5 W
通态电阻	新设备最大为 0.2 Ω	最大 0.6 Ω
每点的漏电流	—	最大 10 μA
浪涌电流	触点闭合时为 7 A	8 A 最长持续 100 ms
过载保护	无	
隔离（现场侧与逻辑侧）	1 500 V AC 持续 1 min（线圈与触电） 无（线圈与逻辑侧）	500 V AC 持续 1 min
隔离电阻	新设备最小为 100 MΩ	
断开触点间的绝缘	750 V AC 持续 1 min	—
隔离组	4	2
电感钳位电压	—	L+−48 V DC,1 W 损耗
开关诞迟（Qa.0-Qa.3）	最长 10 ms	断开到接通最长 1.0 μs 接通到断开最长 3.0 μs
开关延迟（Qa.4-Qb.7）	最长 10 ms	断开到接通最长 50 μs 接通到断开最长 200 μs
机械寿命（无负载）	10 000 000 断开/闭合周期	—
额定负载下的触点寿命	100 000 断开/闭合周期	—
STOP 模式下的输出状态	上一个值或替换值（默认值为 0）	
同时接通的输出数	16	
电缆长度	500 m（屏蔽）,150 m（非屏蔽）	

表 6-6　技术规范 4

通信		
端口数	PROFINET(LAN):1 串行端口:1（RS485） 附加串行端口:仅在 SR40/ST40 上 1 个 （带有可选 RS232/485 信号板）	
HMI 设备	PROFINET(LAN):8 个连接 串行端口:每个端口 4 个连接	

通信		
编程设备（PG）	串行端口：1 个连接	
CPU（PUT/GET）	PROFINET（LAN）：8 个客户端和 8 个服务器连接	
PROFINET 通信		
PROFINET 控制器	是	
PROFINET 设备	否	
可为 RT 连接的 PROFINET 设备的最大数量	8	
最大模块数量	64	
开放式用户通信	PROFINET（LAN）：8 个主动和 8 个被动连接	
数据传输率	PROFINET（LAN）：10/100 Mb/s RS485 系统协议：9600,19200 和 187500 b/s RS485 自由端口：1200 到 115200 b/s	
隔离（外部信号与 PLC 逻辑侧）	PROFINET（LAN）：变压器隔离，1500 V DC RS485：无	
电缆类型	以太网：CAT5e 屏蔽电缆 RS485：PROFIBUS 网络电缆	

二、S7－200SMART PLC 的典型控制电路原理

如果我们选用的是 CPU SR40 型 PLC,则 PLC 接线端子包含 24VDC 输入端子排 X10(含有 1M 端子,为所有输入的内部公共端,其余 I0.0－2.7 为 24 个输入端子,可以接按钮、开关或传感器)、电源端子排 X11(含有 L1、N、PE 三个端子,分别接 AC220V 电源的火线、零线和地线)、继电器型输出端子排 X12 和 X13(含有四个公共端子 1L、2L、3L、4L 接电源,输出端子分为 Q0.0－0.3、Q0.4－0.7、Q1.0－1.3、Q1.4－1.7 四组,每组对应一个公共端,可以分组接不同电源类型的负载)、24VDC 输出端子排(含有 L＋、M 两个端子,往外输出直流电的正负极),如图 6－3 所示。

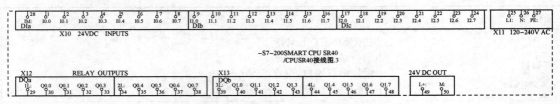

图 6－3　CPU SR40 型 PLC 端子

输入端如果接 NPN 型三线传感器,传感器的棕色线接 24 V,蓝色线接 0 V,黑色信号线接

PLC 的某 I 点,则 1M 应该接 24 V,才能让传感器正常工作,1M 接 24 V 后,所有输入 I 点都相当于通过内部虚拟线圈接了 24 V,两线传感器的棕色线应该接 I,蓝色线接 0 V,开关或者按钮一端接 I,另一端接 0 V,才能形成完整的输入回路,如图 6－4 所示。

输出端负载需要根据不同电源分别接不同分组的 Q 点,输出如果是有互锁需求的继电器电路,应该接成硬件互锁电路,防止短路的发生。

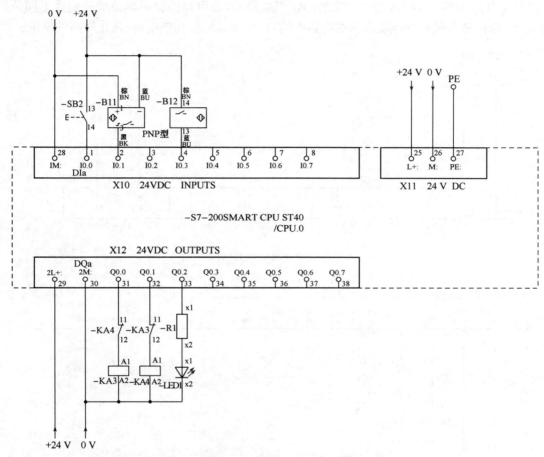

图 6－4　CPU SR40 PLC 结合 NPN 传感器典型应用电路

如果我们选用的是 CPU ST40 型 PLC,与 CPU SR40 一样含有 24VDC 输入端子排 X10、电源端子排 X11 和 24VDC 输出端子排,不同的是输出端子排 X12 和 X13 为晶体管输出类型(含有四个公共端子 2L＋、3L＋、2M、3M 接 24VDC 电源正负极,输出端子分为 Q0.0－0.7、Q1.0－1.7 两组,每组对应两个公共端,可以分组接不同类型的负载),如图 6－5 所示。

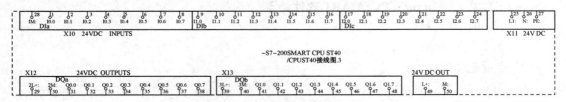

图 6－5　CPU ST40 型 PLC 端子

　　输入端如果接 PNP 型三线传感器,传感器的棕色线接 24 V,蓝色线接 0 V,黑色信号线接 PLC 的某 I 点,则 1M 应该接 0 V,才能让传感器正常工作,1M 接 0 V 后,所有输入 I 点都相当于通过内部虚拟线圈接了 0 V,两线传感器的棕色线应该接 24 V,蓝色线接 I 点,开关或者按钮一端接 I,另一端接 0 V,才能形成完整的输入回路,如图 6-6 所示。

　　输出端负载必须为 DC24V 供电,2L+只能接 24 V,2M 只能接 0 V,Q 点相当于内部通过虚拟开关电路连接了 24 V,注意发光管的正级应接 Q,也可以根据不同类型分别接不同分组的 Q 点,输出如果是有互锁需求的继电器电路,应该接成硬件互锁电路,防止短路的发生。

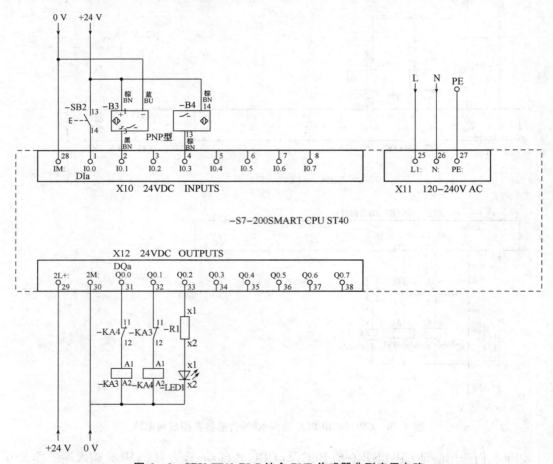

图 6-6　CPU ST40 PLC 结合 PNP 传感器典型应用电路

三、STEP 7-MicroWIN SMART 软件介绍

(一) STEP 7-Micro/WIN SMART 软件特点

(1) 全新的菜单设计;

(2) 全移动式窗口设计;

(3) 变量定义与注释;

(4) 新颖的向导设置;

(5) 状态监控;

（6）便利的指令库；

（7）强大的密码保护功能；

（8）集成库丰富。

Micro/WIN SMART软件安装后自动集成Modbus RTU通信库、Modbus TCP通信库、开放式用户通信库、PN Read Write Record库、SINAMICS库和USS通信库。

另外，西门子公司提供了大量完成各种功能的指令库，均可轻松添加到软件中。

（二）STEP 7-Micro/WIN SMART软件的编程界面和各部分功能

1. 程序编辑区

打开软件后右边中间位置有一块程序编辑区，包含有MAIN、SBR_0、INT_0三个页面，可以分别用来编辑主程序、子程序和中断子程序。在程序编辑区的上沿有软件操作的快捷工具栏，包括PLC运行、停止、程序编译、上传、下载、编程指令等常用命令符号，如图6-7所示。

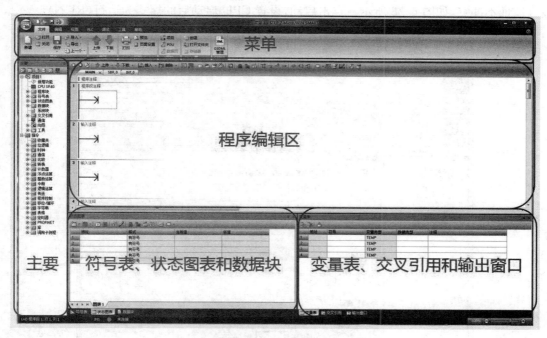

图6-7　软件界面介绍

2. 主要

程序编辑区域左方为主要窗口，包括项目树和指令树，可以进行项目PLC的系统设置，也可以用来直接寻找相应指令编程。

3. 符号表、状态图表和数据块

程序编辑区下方有符号表页面，可以用符号表的表格1页面来定义PLC的内部变量符号名称，用I/O符号页面来定义输入输出点功能。状态图表页面，可以用图表监控PLC内部元件的运行状态数据。数据块页面可以用来编辑数据块数据初值，可以和程序一起下载进PLC。

4. 变量表、交叉引用和输出窗口

程序编辑区下方还有变量表页面，可以用来编辑子程序和中断子程序的局部变量。交叉引用页面可以在程序编译后快速地跳转指定存储器在程序中的各个位置,方便程序查看和修改。输出窗口会有软件操作过程产生的各类信息,方便验证程序和查找错误等。

5. 菜单

软件最上方为菜单栏,文件命令中包含保存、导出、上传、下载等常用命令。编辑命令中包含复制粘贴、创建和编辑程序等命令。视图中包含编程语言切换、程序信息显示等命令。PLC中包含有对 PLC 的操作、连接、设置时钟等命令。调试中包含有程序监控、状态表监控、强制等命令。工具命令中包含各种向导、工具和选项等命令。

(三) 软件操作要领

1. 组态

打开软件后首先要在主要窗口双击项目下的 CPU 型号,先设置系统块中 CPU 型号,与要下载到的 PLC 型号一致,勾选以太网,设置 IP 为固定值,注意与电脑和其他设备在同一网段且地址不冲突,如图 6-8 所示。点击启动,设置 CPU 启动后的模式为运行(RUN)。

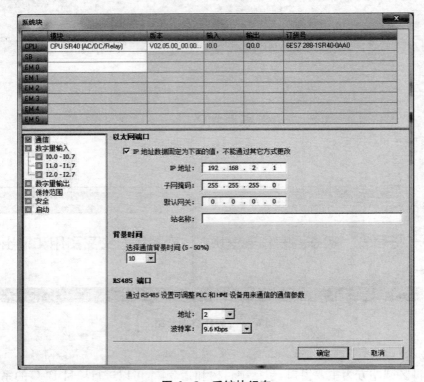

图 6-8 系统块组态

2. 符号表

点开符号表页面,在 I/O 符号表中把要用到的 I 和 Q 点地址对应的符号名修改为能表达输入或输出功能的简短文字。如果使用到了其他类型的存储器,可以在表格 1 中填写对应地址和符号名称,符号名称也要能体现该存储器的功能,如图 6-9 所示。

符号表编辑完成后,可以大大增加程序可读性,还能直接使用符号名称进行编程和修改,让编程更加方便直接,不易出错,如图 6-10 所示。

	符号	地址
1	SB1启停控制	I0.0
2	B1左旋极限检测	I0.1
3	CPU_输入2	I0.2
4	B2右旋极限检测	I0.3
25	KA1左旋电磁阀	Q0.0
26	KA2右旋电磁阀	Q0.1
27	CPU_输出2	Q0.2
28	CPU_输出3	Q0.3
29	H1指示灯1	Q0.4

图6-9　符号表I/O符号

	符号	地址
1	左限停留时间	T37
2	右限停留时间	T38
3	闪烁控制	T39
4	按键次数	VB100

图6-10　符号表表格1

3. 编程

点击 MAIN 后就可以在程序编辑区对主程序进行编程,点击对应的快捷命令符号或者点击菜单命令,就可以快速地放置各种命令符号到编辑区,再使用键盘输入对应的数据、地址或者符号名就可以完成程序的编辑。注意梯形图语言的编程规则,如果有错误,软件会用红色波浪线或者红色问号标示。

特别注意,一个程序网络段中不能出现两段及以上只有左母线连接的程序段,在程序编译后输出窗口可以看到程序编辑是否出错。

在程序编辑完成后,可以在状态图表中输入需要监控数据的存储器地址,设置好显示格式,为调试做好准备。

程序编辑时可以使用复制粘贴等命令来提高编程效率。点击程序段左边序号栏,程序段变蓝色,表示已经被选取,在序号栏右键复制或者点击 Ctrl+C 复制,点击空程序段,点击右键或者 Ctrl+V 粘贴,粘贴后会在粘贴位置插入复制的程序段。

对于单独的命令需要复制粘贴,可以点住 Ctrl 和鼠标左键拖到对应粘贴位置释放完成。

线的添加,可以先将鼠标移到线上,出现蓝色小方块控点后,点住鼠标左键拖到要连线的位置完成连线。

可以点击右键或者 Delete 键删除选择的程序、网络、行、列、命令或者线,如图6-11所示。

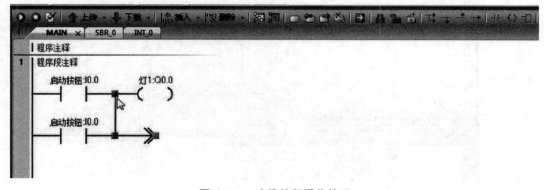

图6-11　连线编程操作技巧

4. 程序编译、下载与调试

（1）连接 PLC 并下载

程序编译没有错误后，在 PLC 与电脑已经联网的基础上，可以点击下载，查找 CPU，如图 6 - 12 所示，点选找到的 PLC，如果有多台 PLC 联网时，应点选 PLC 后再点击闪烁指示灯，观察 PLC 上的指示灯来判断目标 PLC。点击确定，再点击下载，运行切换模式，显示下载已成功完成后关闭，完成程序下载进 PLC，PLC 能自主按程序工作，如图 6 - 13 所示。

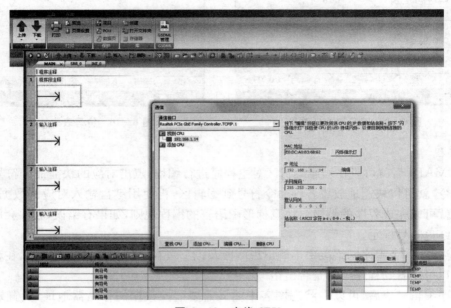

图 6 - 12　查找 CPU

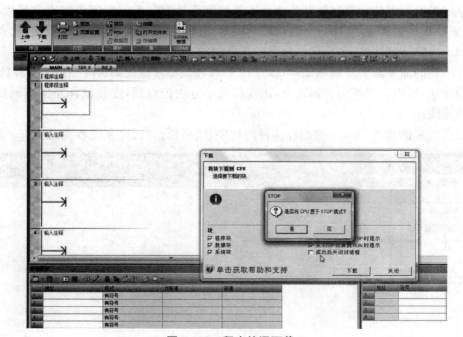

图 6 - 13　程序编译下载

（2）程序监控

点击程序监控,可以看到程序的运行情况,蓝色代表接通有效,灰色代表断开,部分指令有效时还能直接显示对应存储器数据值。监控状态不能进行程序的修改编辑,但可以在程序监控时右键改变部分数据值或位的状态,还可以使用强制修改数据,注意强制后一定要在退出前取消强制状态。

图 6-14　程序监控

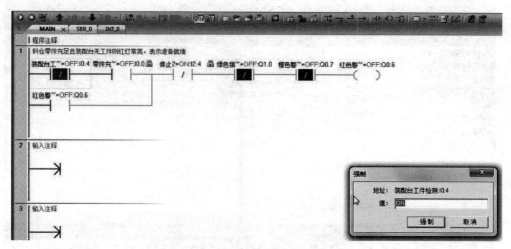

图 6-15　强制修改 I 的状态

（3）状态表监控

点击状态表监控启动可以集中监控需要的数据,也可以通过监控表的新值修改 PLC 内部数据,如图 6-16 所示。

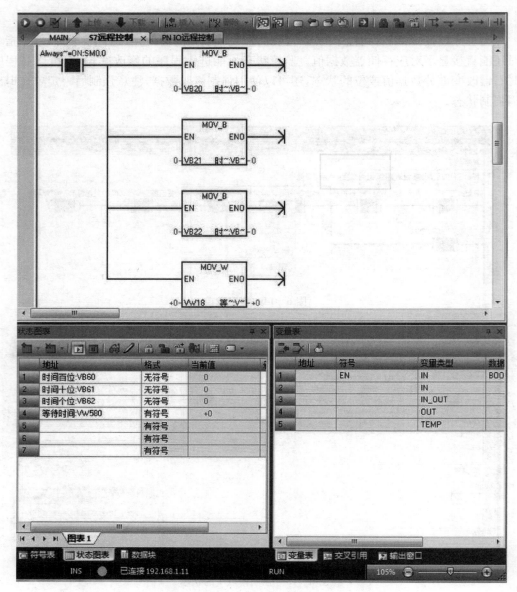

图 6 - 16　状态表监控

工作任务 2　气动机械手的远程控制系统设计与装调

能力目标

1. 掌握 S7 - 200SMART PLC 的气动机械手的控制电路原理,能设计、装调 S7 - 200SMART PLC 控制系统;

2. 掌握 S7 - 200SMART PLC 的 Profinet I/O 通信方法,能实现程序数据的网络传输和应用。

知识目标

1. 掌握 S7-200SMART PLC 的 Profinet I/O 通信设置；
2. 掌握 S7-200SMART PLC 气动机械手远程控制的方法。

一、工作任务

具体任务要求有：

（1）远程 PLC1 应规划发送、接收数据缓存区，采集本机的启动和停止按钮控制信号，处理为独特的数据保存到发送数据缓存区，通过 Profinet I/O 通信方式发送给气动机械手直接控制器 PLC2，同时通过 Profinet I/O 通信方式接收 PLC2 中的运行数据到接收数据缓存区，实现远程监控机械手的运行；

（2）气动机械手直接控制器 PLC2 应规划发送、接收数据缓存区，通过 Profinet I/O 通信方式接收来自 PLC1 的控制数据到接收数据缓存区，利用比较指令判断接收区的数据值是否满足启动和停止条件，根据比较结果决定是否启停机械手，同时采集机械手的运行数据放入发送数据缓存区，通过 Profinet I/O 通信方式发送给 PLC1。

二、考核内容

（1）根据控制要求，分析控制功能；

（2）按控制要求完成 I/O 端口地址分配表的编写；

（3）完成 PLC 控制系统硬件接线图的绘制；

（4）完成 PLC 的 I/O 端口的连线；

（5）按控制要求绘制梯形图，输入并调试控制程序；

（6）考核过程中，注意"6S 管理"要求。

三、评分表（见表 6-7）

表 6-7　评分标准

评价内容	序号	主要内容	考核要求	评分细则	配分	扣分	得分
职业素养与操作规范（20分）	1	工作前准备	清点仪表、电工工具，并摆放整齐。穿戴好劳动防护用品	① 未按要求穿戴好防护用品，扣 10 分。② 工作前，未清点工具、仪表、耗材等每处扣 2 分。	10		
	2	6S 管理	操作过程中及作业完成后，保持工具、仪表、元器件、设备等摆放整齐 操作过程中无不文明行为、具有良好的职业操守、独立完成考核内容、合理解决突发事件	① 未关闭电源开关，用手触摸电器线路或带电进行线路连接或改接，立即终止考试，考试成绩判定为"不合格"。② 损坏考场设施或设备，考试成绩为"不合格"。③ 乱摆放工具，乱丢杂物等扣 5 分。④ 完成任务后不清理工位扣 5 分。	10		

（续表）

评价内容	序号	主要内容	考核要求	评分细则	配分	扣分	得分
			具有安全用电意识，操作符合规范要求作业完成后清理、清扫工作现场				
作品（80分）	3	I/O 分配表	正确完成 I/O 地址分配表	① 输入输出地址遗漏，每处扣2分。② 编写不规范及错误，每处扣1分。	10		
	4	I/O 接线图	正确绘制 I/O 接线图	① 接线图绘制错误，每处扣2分。② 接线图绘制不规范，每处扣1分。	10		
	5	安装与接线	按 PLC 控制 I/O 接线图在模拟配线板正确安装，操作规范	① 未关闭电源开关，用手触摸电器线路或带电进行线路连接或改接，本项记0分。② 损坏元件总成绩为0分。③ 接线不规范造成导线损坏，每根扣5分。④ 不按 I/O 接线图接线，每处扣2分。少接线、多接线、接线错误，每处扣5分。	15		
	6	系统程序设计	根据系统要求，完成控制程序设计；程序编写正确、规范；正确使用软件，下载 PLC 程序	① 不能根据系统要求，完成控制程序，扣10分。② 程序功能不正确，每处扣3分。	25		
	7	功能实现	根据控制要求，准确完成系统的功能演示	① 调试时熔断器熔断每次扣总成绩10分。② 功能缺失或错误，按比例扣分。	20		
	评分人：			核分人：	总分		

四、任务实施

1. PLC1 的 I/O 地址分配表（见表6-8）

表6-8 PLC1 的 I/O 地址分配表

输入信号			输出信号		
元件符号	PLC 输入点	功能	PLC 输出点	元件符号	功能
SB1	I2.4	启动	Q1.6	H2	运行指示灯绿色
SB2	I2.5	停止	Q1.7	H3	停止指示灯红色

2. PLC2 的 I/O 地址分配表（见表 6 - 9）

表 6 - 9 PLC2 的 I/O 地址分配表

输入信号			输出信号		
元件符号	PLC 输入点	功能	PLC 输出点	元件符号	功能
B1	I1.3	手爪夹紧检测	Q0.3	Y1	手爪夹紧电磁阀
B2	I1.4	手爪下降到位检测	Q0.4	Y2	手爪下降电磁阀
B3	I1.5	手爪上升到位检测	Q0.5	Y3	手臂伸出电磁阀
B4	I1.6	手臂缩回到位检测			
B5	I1.7	手臂伸出到位检测			

3. 硬件接线图（如图 6 - 17、图 6 - 18）

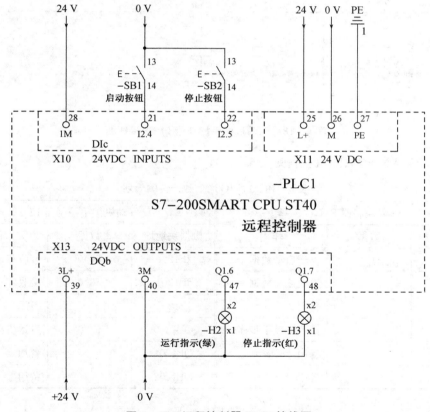

图 6 - 17 远程控制器 PLC1 接线图

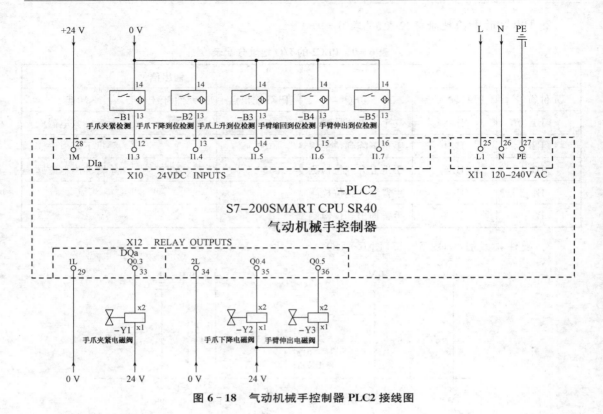

图 6-18　气动机械手控制器 PLC2 接线图

4. PN IO 通信数据传输规划(见表 6-10)

表 6-10　PN IO 通信数据传输规划

远程控制器 PLC1			气动机械手控制器 PLC2		
数据块地址	数据	作用	数据块地址	数据	作用
QB128	66/0	发送启动数据	IB1200	66/0	接收启动数据
QB129	88/0	发送停止数据	IB1201	88/0	接收停止数据
QB130		备用	IB1202		备用
IB128	0-9	接收机械手步序	QB1200	0-9	发送机械手步序
IB129		备用	QB1201		备用
IB130		备用	QB1202		备用

5. 控制程序

PLC1 程序如图 6-19 所示。

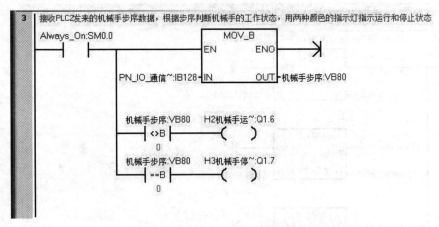

图 6-19 PLC1 程序

PLC2 程序如图 6-20 所示。

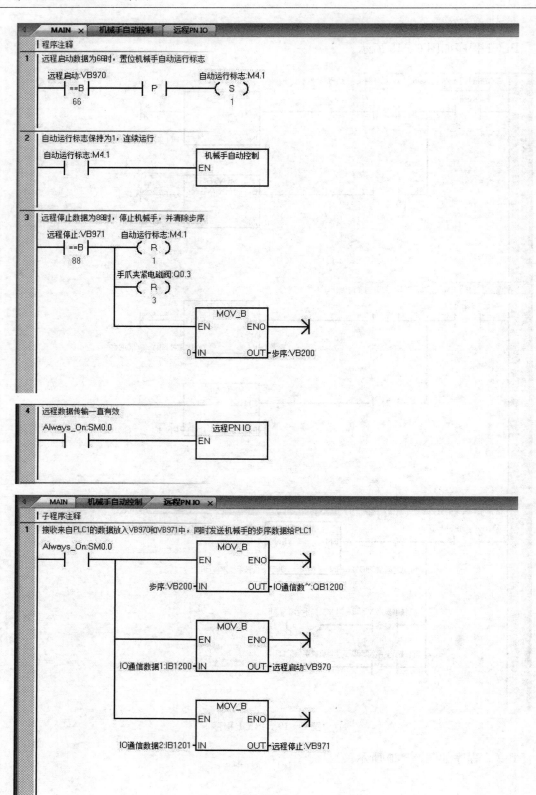

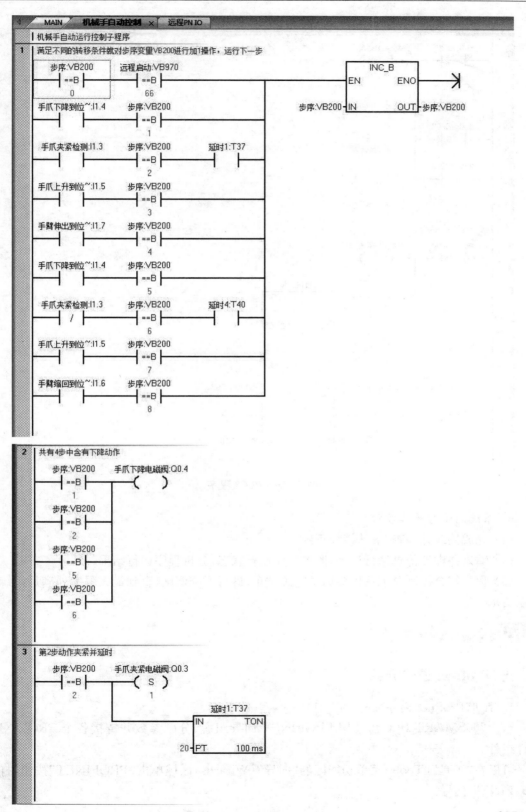

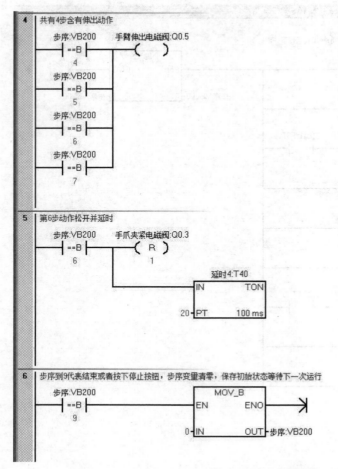

图 6-20　PLC2 程序

6．系统调试与操作步骤

（1）完成接线并检查、确认接线正确；

（2）输入并虚拟仿真运行程序，监控程序运行状态，分析程序运行结果；

（3）程序符合控制要求后再接通主电源试车，进行系统调试，直到最大限度地满足系统的控制要求为止。

知识链接

一、Profinet 通信介绍

1．打开 Profinet 向导（如图 6-21）

S7-200SMART PLC 可使用 PROFINET 向导组态、分配参数并链接各个 PROFINET 硬件组件。

可以在"工具"（Tools）菜单功能区的"向导"（Wizards）区域单击"PROFINET"按钮，打开 PROFINET 向导。

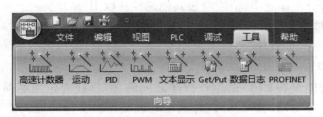

图 6-21　打开 Profinet 向导

2. 创建 PROFINET 网络

PROFINET 系统由 PROFINET 控制器及其分配的 PROFINET 设备组成,可为 CPU 选择不同角色,以组态 PROFINET 网络。

3. "GSDML 管理"(如图 6-22)

PROFINET 的 GSDML 文件描述了 PROFINET 设备及相关模块的功能。允许导入或删除 GSDML 文件。

导入 GSDML 文件步骤:

(1) 单击"文件"(File)菜单功能区"GSDML"部分中的"GSDML 管理"按钮。

(2) 单击"GSDML 管理"(Manage general station description files)对话框中的"浏览"(Browse)按钮,导航至保存 GSDML 文件的文件夹。

(3) 选择要导入的 GSDML 文件。还可导入多个 GSDML 文件,导入的 GSDML 文件的最大数为 20。

(4) 单击"打开"(Open)按钮。GSDML 文件和安装日期将显示在"导入的 GSDML 文件"(Imported GSDML files)字段中。

(5) 单击"确认"(OK)按钮,以关闭对话框。

删除 GSDML 文件步骤与导入相近。

图 6-22　打开"GSDML 管理"

二、S7-200SMART PLC Profinet IO 通信智能设备设置

1. PROFINET 向导中组态智能设备步骤

(1) 打开 PROFINET 向导。

(2) 选中"智能设备"(I-Device)复选框。

智能设备 PROFINET 接口参数和端口可由智能设备自身或上位 IO 控制器分配。

如果选中"PROFINET 接口参数由上位控制器分配"复选框,则会由上位控制器设置智能设备的 PROFINET 接口参数。

(3) 组态 IP 地址。

对于 IP 地址,可分配固定 IP 值或通过其他途径获取 IP 地址。

(4) 设置"发送时钟"(Send Clock)和"启动时间"(Start up time)。

(5) 单击"下一步"(Next)按钮进入组态页面。会显示"传送区"(Transfer area)表和"导出 GSDML 文件"(Export GSDML)字段。

传送区用作与智能设备 CPU 的用户程序之间的接口,在上位控制器与智能设备之间交换通信数据。用户程序对输入进行处理并输出处理结果。支持的最大传送区数目为 8,必须至少组态一个传送区。

(6) 单击"导出"(Export)按钮导出 GSDML 文件。

(7) 单击"生成"(Generate)按钮保存组态。

(8) 将该智能设备项目下载到 CPU。

2. PROFINET 向导中组态智能设备项目示例

将机械手控制器 PLC2 的 PLC 角色设置为 Profinet 网络的智能设备,修改站名,设置输出传送区 1 PN Q 地址范围,输入传送区 2 PN I 地址范围,导出 GSDML 文件,点击"生成"完成配置,如图 6-23、图 6-24 所示。

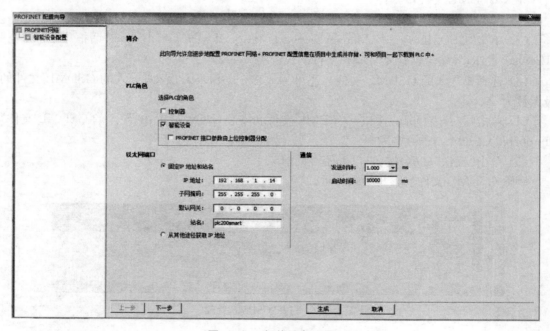

图 6-23　智能设备设置 1

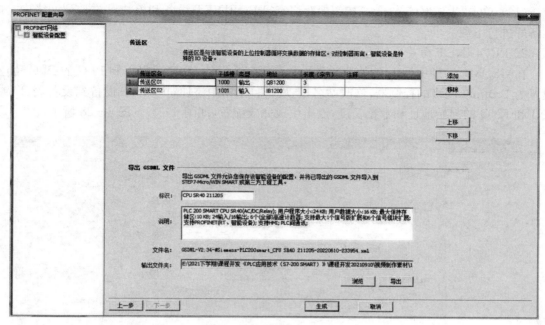

图 6-24 智能设备设置 2

三、S7-200SMART PLC Profinet IO 通信控制器设置

1. PROFINET 向导中组态控制器步骤

(1) 打开 PROFINET 向导。

(2) 选中"控制器"(Controller)复选框。

(3) 输入一个固定 IP 地址和站名,设置发送时钟和启动时间。

(4) 单击窗口底部的"下一步"(Next),或单击 PROFINET 网络树中的 CPU 名称,进入组态页面。

(5) 在 PROFINET 设备目录树中选择一个 PROFINET 设备,然后单击设备表下方的"添加"(Add)按钮,也可以将设备拖放到设备表中,PROFINET 被添加到设备表、网络视图和 PROFINET 网络树中。

(6) 输入设备名,设置 IP 地址并添加可选注释,对于任何 PROFINET 设备,需要确保设备表中的设备名与实际设备名一致,在 PROFINET 向导中输入的注释不会下载到 PLC,注释仅保存于项目文件中。

(7) 单击"下一步"(Next)按钮或 PROFINET 网络树中的模块,进入模块组态对话框。

(8) 单击模块目录树中的模块或子模块,可添加模块或子模块的插槽变为绿色,确保实际网络中存在所选的模块类型,单击"添加"(Add)按钮或将模块拖放到插槽中。

(9) 单击"下一步"(Next)按钮或 PROFINET 网络树中的模块名称,组态模块或检查模块的详细信息。对于"端口"(Port)选项卡中的"启用自协商"(Enable autonegotiation)选项,必须将此选项的设置与伙伴端口的设置保持一致,否则,将无法检测到所连接网络的运行参数,因此,无法对数据传输速率和传输模式进行最佳设置。

（10）单击"生成"（Generate）按钮保存组态，PROFINET 设备和模块已添加到网络中，并准备好进行下载。

2. PROFINET 向导中组态控制器项目示例

在 GSDML 管理中导入刚刚智能设备的 GSDML 文件，设置远程控制 PLC 的 PLC 角色设置为 Profinet 网络的控制器，修改站名，从设备目录树中添加对应 PLC 设备到设备表，设置 PNI 和 PNQ 的起始地址和数据长度，点击生成完成配置，如图 6-25～图 6-28 所示。

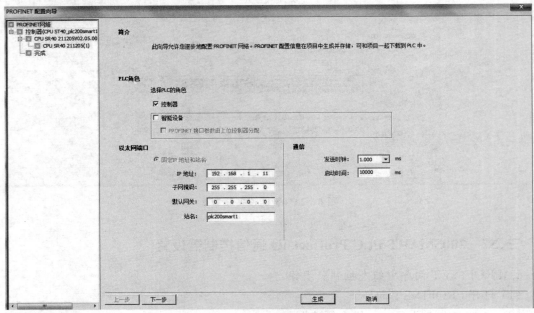

图 6-25　控制器设置 1

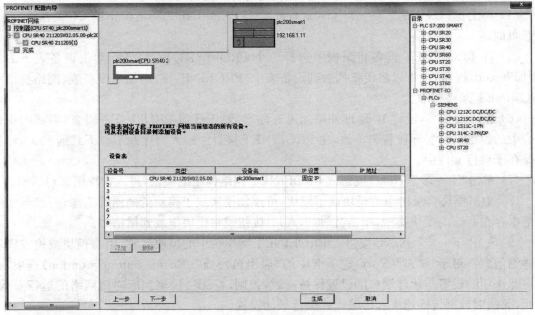

图 6-26　控制器设置 2

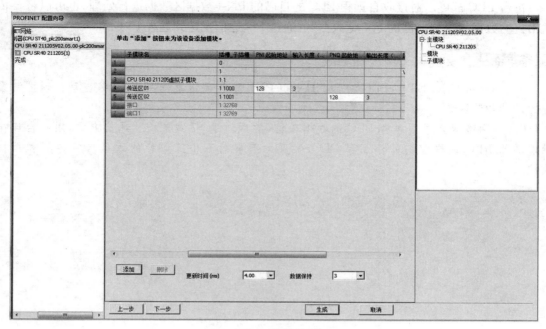

图6－27　控制器设置3

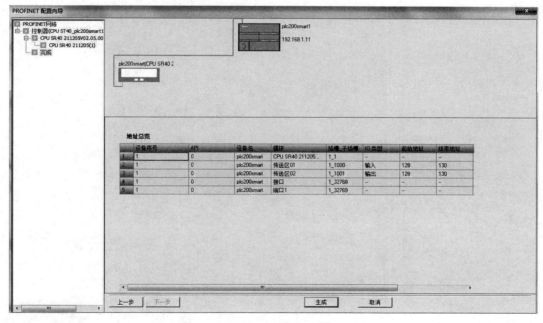

图6－28　控制器设置4

四、通信数据的传输方式

可以通过网络将智能设备的 PN Q 数据区的数据依次传输到控制器的 PN I 数据区保存，也可以将控制器的 PN Q 数据区数据依次传输到智能设备的 PN I 数据区保存。

每台 PLC 都可以对接收自远程 PLC 的自己的 PN I 数据区数据进行处理,也可以将要传送出去的数据传送到自己的 PN Q 数据区,通过 PN 通信发送到远程 PLC。

思考与练习

6.1　使用 CPU ST40 PLC 结合 NPN 和 PNP 型常闭传感器实现 PLC 自动往返控制系统的设计和装调。

6.2　网络搜索了解多台 PLC 的数据通信,尝试通过 S7 或者 PN 通信方式,用一台连接触摸屏的 PLC 远程控制另外五台 PLC,实现触摸屏对五个工作站的远程启停控制和数据监控。

参考文献

［1］陶权,韦瑞录.PLC控制系统设计、安装与调试.北京:北京理工大学出版社,2011.

［2］廖常初.PLC编程及应用.北京:机械工业出版社,2007.

［3］孙海维,可编程控制器应用.北京:中央广播电视大学出版社,2006.

［4］徐国林.PLC应用技术.北京:机械工业出版社,2011.

［5］吴俊忠,黄永红.可编程控制器原理及应用.北京:机械工业出版社,2004.

［6］周劲松,刘峥,李德尧.机电一体化技术.长沙:湖南大学出版社,2012.

［7］陈在平,赵相宾.可编程序控制器技术与应用系统设计.北京:机械工业出版社,2002.

［8］西门子公司.SIMATIC S7-200 可编程序控制器系统手册,2002.

［9］浙江天煌科技实业有限公司.THPFSM-1.2型实训指导书,2010.